I 厨房

饿了么？
来碗面给你吃

杨桃美食编辑部 主编

U0338200

江苏凤凰科学技术出版社　凤凰含章

幸福的面条

　　人们对于食物总是挑剔的，每天变换的口味让我们对食物总有过多的要求。有人说，食物是带有感情的，特别是家人、朋友精心准备的食物，里面总包含着化不开的情谊。所以追求美食、喜欢烹饪的人大多是充满爱意和情趣的，因为他们热爱生活，懂得食物的价值。

　　除了米饭之外，面条应该是最受中国人喜爱的一种主食了。面条有很多种，满富情意的手擀面、技艺精湛的刀削面、异域情调的意大利面等。面条之所以能给人幸福的感觉，不仅源自于作为食物可以满足生理与心理的一种享受，也是一种对家、对亲人的温暖与呵护。

　　一根根糯软的面条，一口口鲜美的热汤是制作者精心准备的情感大餐，是情的浓缩，爱的载体。在很多情景剧中，当晚归的家人拖着饥饿、疲惫的身体回到家中，他的妻子或母亲就会说道："给你下碗面吧！"。简简单单的一碗面包含着亲人的关心与家的温暖，不仅缓解身体的饥饿，也慰藉着心灵的疲惫。

　　不同于各色大餐的繁冗复杂，面条的制作简单快捷。一把面条，一份香浓的酱料，几棵青菜与葱花、油、盐在沸腾的水中翻滚、交融，不多时，一碗热乎乎、飘着浓郁香味的面条就端至面前，让人胃口大开。

　　这就是面条，它是简单的，同时也饱含着浓厚的感情；它充满着生活的艰辛，也富含着生活的乐趣。就是在这样一份日常的活动中，人们通过一步步的操作体验制作美食的快乐、品尝美食的欣喜以及感受生活的幸福。

目录

汤面
香浓好味道

炒面
质朴的味道

拌面
越拌越有味

凉面
冰爽滋味

异域面
百变风味

单位换算

固体类 / 油脂类

1茶匙≈5克　　1大匙≈15克　　1小匙≈5克

液体类

1茶匙≈5毫升　　1大匙≈15毫升　　1小匙≈5毫升

汤面
香浓好味道

浓郁的香味、滚烫的汤汁、劲爽的面条，一碗刚出锅的汤面可以抵御寒冬，给人温暖。看着餐桌上一碗热气腾腾的阳春面，所有的疲惫烟消云散，这是心的温暖。当鲜美的汤汁缓缓流入饥饿的肠胃，这是身体上的温暖。这样看似简单却真实的关爱和呵护才是爱的真谛，才能让人感受到家的味道。

汤与面 手与心

　　很多人小时候都有挑食的习惯，我也一样，而挑食的对象就是汤面。虽然母亲将汤面制作出各种花样，但那时候的我总是感觉这种被汤煮过的面条软绵绵的既没有什么嚼头也没有什么味道，所以对于面条就多了一种抵触。如今我不仅喜欢吃汤面，还很会做汤面，那些或简单或复杂的汤面经过精心制作之后散发着各种浓郁的味道，让人胃口大开。在众多关于面条的美食中，汤面是我制作次数和种类最多的面食，那丰富的食材在经过一番的熬煮之后浓香四溢。

　　关于汤面主要包括两个部分，一是面条，二是汤。面条无外乎圆直面、细面、宽面等常见的面条种类，因此评价一碗面条的好吃与否，能不能引起人们的食欲，汤成为最关键的部分。清代诗人、散文家袁枚在其书《随园食单》中就详细描写了多种汤面的特点以及在制作汤面时汤的调制和运用，他认为："大概作面，总以汤多为佳，在碗中望不见面为妙。宁使食毕再加，以便引人入胜。此法扬州盛行，恰甚有道理。"不过对于一个吃货来说，一碗汤面追求的极致是汤鲜面味美，"人所重者既在面又在于汤"岂不是两全其美，相得益彰。如今随着生活的日益富庶，人们在汤面的食用上更加注重汤的营养性，各种极富营养的食材熬制成汤，加入面条蒸煮之后成为人们补充营养、进行食疗的一部分。

　　作为我们日常生活中最为常见的食物，汤面出现在大街小巷，不管是旮旯里弄、马路边的小饭馆，还是在各种星级的酒店里都能找到它的身影，而且以各种形式出现，有时是简单的阳春面，有时是香辣的麻辣牛肉面。不管怎样这些极具平民色彩的汤面美食丰富着人们的饮食结构，它的制作、品尝过程都是一种生活的乐趣和美的享受。

　　对于汤面的制作可简可繁，一把面条、几粒葱花、几片青菜叶在几分钟之内就能制作一份简单的阳春面，而像丰原排骨酥面、肉骨茶面、霜降牛肉蚌面等则要经过长时间的熬煮才能烹饪出美味可口的汤料。因此在制作汤面时，不是简简单单地将面条下到锅里，还需要时间熬制以及娴熟的烹饪方法。关于烹饪方法，本书的第一章就讲述了诸多汤面的制作过程，简单明了，能够为汤面的制作提供不小的帮助。

如今只要时间宽裕，我就时常为家人做上一份汤面，在超市里购买上佳的食材熬上一锅好汤，下一把精致的面条，味道可淡，可浓，可麻，可辣。看着家人坐在餐桌上欢声笑语地吃着汤面，那种场面或许只有懂得生活的人才会明白其中的含义吧。

简约而不简单：

阳春面

　　还记得古装电视剧里穷困潦倒的书生，塞塞窣窣从口袋里摸出几个铜板，叫上一碗阳春面的场景吗？每当看到阳春面就会不由自主地想起这个桥段。阳春面其实是苏式汤面的一种，起源于农历十月，故又叫"小阳春"。爽滑的面条搭配翠绿的小白菜，清淡爽口，浓郁的高汤味儿渗入面条中，更添醇香，瞬间使你的味蕾苏醒。

材料 Ingredient

粗阳春面	150 克
小白菜	35 克
葱花	适量
油葱酥	适量
高汤	350 毫升

调料 Seasoning

盐	1/4 小匙
鸡精	少许

做法 Recipe

① 小白菜洗净、切段，备用。

② 锅中加入水烧沸，将粗阳春面放入沸水中搅散，等水沸后再煮约 1 分钟；然后放入小白菜段氽烫一下；最后将面和小白菜捞出，沥干后放入碗中。

③ 把锅洗净，倒入高汤煮开，再加入所有调料搅拌。

④ 将烧好的高汤倒入面碗中，放葱花、油葱酥即可。

丰俭由人：

炝锅面

　　鲁菜讲究味鲜形美，炝锅面便属于鲁菜，味道咸、鲜，尝过便让人难以忘记。米酒的清香、酱油的酱香还有高汤醇厚的味道，经过高温的蒸腾渐渐散发出诱人的气味，再加上番茄特有的酸甜滋味和漂亮的色彩，这真是一道色香味俱全的美食。无论是作为午餐还是作为晚餐，一端上餐桌定会成为餐桌上的宠儿。

材料 Ingredient		调料 Seasoning	
阳春面	100 克	酱油	1 大匙
猪肉片	50 克	米酒	1 大匙
葱	2 棵		
番茄	1 个		
鸡蛋	1 个		
高汤	250 毫升		
青菜	适量		
食用油	适量		

做法 Recipe

① 将葱洗净切段；番茄洗净切片；青菜洗净；鸡蛋打散成蛋液备用。

② 将锅烧热，倒入食用油后爆香葱段，加入猪肉片炒熟，再放番茄片续炒至软，倒入蛋液待稍微凝固再翻炒几下。

③ 沿着锅边炝米酒并淋上酱油，炒出香味，再加入高汤煮开。

④ 阳春面要先用沸水烫熟，捞起沥干后放入汤锅中，并加入洗净的青菜一起稍煮后熄火、起锅即可。

原来她在这里：

番茄面

　　鲜艳亮丽的颜色，酸甜舒爽的口感，若是再点缀一些水珠，在阳光的照耀下更显晶莹剔透，这大概就是番茄一直惹人喜爱的原因吧！如今，番茄走进了面的怀抱，在高温中尽情释放自己的动人魅力。而素有"菌中贵族"之称的柳松菇，吸足了汤中精华，味道更加醇香浓郁。这样的番茄面必定是一道面食爱好者不可错过的佳肴。

材料 Ingredient

阳春面	150 克
柳松菇	50 克
葱	2 棵
洋葱	1/4 个
番茄	2 个
青菜	少许
高汤	200 毫升
水	适量
食用油	适量

调料 Seasoning

盐	少许

做法 Recipe

❶ 葱洗净、切段；洋葱去皮洗净切丝；番茄洗净去皮切片备用。

❷ 把锅加热，倒入适量食用油，放入葱段和洋葱丝爆香，然后倒入高汤煮开。

❸ 在锅内加入番茄片，转小火续煮至出味后，加盐调味，再放入洗净的柳松菇、青菜续煮。

❹ 另起锅，倒入适量的水烧开，将阳春面放入烫熟，沥干后放入汤锅中，稍微搅拌熄火、起锅即可。

小贴士 Tips

✚ 在熬制番茄汤汁时，要注意火候的大小、汤水的适量，以防熬制的汤汁过干或因水过多而味道清淡。

✚ 熬制汤汁时，也可用番茄酱来代替番茄，二者味道相差不大。

✚ 洋葱的量不需要太多，稍微添加几片，增加汤汁的鲜美味道即可。

食材特点 Characteristics

番茄：又称西红柿，肉厚汁多，味酸甜适度。具有增进食欲、提高蛋白质的消化率、减少胃胀食积等功效。一般是日常炒菜、做汤的食材。

柳松菇：常用的食用菇之一，味道鲜美，口感脆嫩，营养含量高，特别是蛋白质和氨基酸含量丰富。

唯肉无可争：
排骨面

对于一个爱吃肉的人来说，猪排骨绝对是上品佳味，其中的红烧排骨口味更为香醇。排骨面中，面条充分吸收利用猪排骨的骨香与肉香，再加上猪排骨的香脆和油滑爽口，吃上一口，满嘴肉香，有种让人抗拒不了的诱惑。盛一碗面，加入香味诱人、肉质细嫩的排骨，加上嫩绿的葱花和青菜，搭配爽滑的细面一起食用，光是想一想就让人胃口大开。

材料 Ingredient

细面	100 克
猪排骨	1 块
猪高汤	250 毫升
葱花	适量
红薯粉	适量
上海青	适量
食用油	适量

调料 Seasoning

盐	少许

腌料 Marinade

白糖	8 克
酱油	1 大匙
米酒	1 大匙
胡椒粉	少许
蒜末	少许

做法 Recipe

1. 猪排骨洗净，用刀背拍松，与所有腌料一起拌匀，腌渍半个小时；上海青洗净备用。
2. 将腌好的猪排骨放入红薯粉中拌匀，放入提前烧好的油锅中炸熟备用，油温控制在 170~180℃之间。
3. 将细面和上海青先后放入烧开的沸水中烫熟，捞出沥干，放入碗内。
4. 在面碗内加入猪高汤、盐调味，撒上葱花，再将炸好的猪排骨切长条，摆放于面上，一碗香气四溢的排骨面就可上桌了。

小贴士 Tips

- 猪排骨的选择最好是肥瘦兼有的，保留部分的肥肉，否则肉中没有油分就会吃起来比较柴。
- 在煎炸猪排骨前，要对猪排骨稍微煸炒，防止水分过多而影响肉质的香嫩。

食材特点 Characteristics

猪排骨：常食用的肉骨之一，营养丰富，有一定的药用价值，具有养脾健胃、强筋健骨、改善贫血等功效。

红薯粉：红薯研磨后的粉，含有多种人体需要的营养物质，具有保护心脏、补虚强身、健脾开胃的保健功效。

你想要的味道：

榨菜肉丝面

榨菜肉丝面是一道非常家常的汤面，具有味道鲜美、烹饪方便、老少咸宜的特点。鲜香的汤中汇聚了高汤、榨菜和细阳春面的精华，清淡中带着些许酸爽，不会让人觉得太过寡淡。再加上翠绿的葱花、红艳的辣椒和肉丝的点缀，榨菜肉丝面在具备美味可口的味道之余，更增添了艳丽多彩的色泽。

材料 Ingredient

细阳春面	100 克
榨菜丝	50 克
猪瘦肉丝	150 克
红辣椒圈	5 克
高汤	1100 毫升
蒜末	1 大匙
葱花	适量
食用油	适量

调料 Seasoning

盐	1/2 小匙
白糖	1 小匙
米酒	1 大匙
鸡精	适量
香油	适量

做法 Recipe

❶ 将锅加热，倒入适量食用油，把红辣椒圈、榨菜丝、蒜末放入爆香，再放入猪瘦肉丝及少许盐、白糖、米酒、香油、100 毫升高汤炒至汤汁收干。

❷ 再向锅内加入剩余盐、鸡精及 1000 毫升高汤煮至沸腾，即为榨菜肉丝汤头。

❸ 锅中加入适量水烧开，将细阳春面放入沸水中余烫约 1 分钟，捞起沥干放入碗中，倒入适量榨菜肉丝汤头，撒上葱花即可。

小贴士 Tips

➕ 因为榨菜有咸味，所以添加盐时要根据汤汁的味道决定是否添加，咸味不够再放；若没有高汤可直接用开水。

食材特点 Characteristics

榨菜：榨菜是芥菜腌制而成的调味菜，适用于人们日常生活中。榨菜有老嫩之分，老榨菜较咸，食用前用水浸泡。

白糖：做菜、汤添加适量的白糖，不仅能减少菜肴的咸度，还能使烹调的食物更加鲜美，起到提鲜润色的作用。

卤好面才好：

打卤面

　　山西有"世界面食之根"的美称，种类繁多到让人眼花缭乱，打卤面便是这众多面食中的一种。不过经过长期的发展演绎，打卤面有了不同的做法和风味，但其鲜香美味的口感一直不曾变过。多样的配料和丰富的颜色，再加上米酒的清香和香油的醇厚，成就了一道香味四溢、富有劲道的家常面食。

材料 Ingredient

拉面	150 克
五花肉片	150 克
竹笋丝	50 克
胡萝卜丝	50 克
黑木耳丝	50 克
金针菇	50 克
香菇丝	30 克
泡发虾皮	5 克
高汤	500 毫升
蛋液	50 毫升
香菜	适量
葱花	适量
食用油	适量
蒜泥	1 大匙
水淀粉	适量

调料 Seasoning

酱油	10 毫升
米酒	10 毫升
盐	1 小匙
鸡精	1 小匙
白胡椒粉	适量
香油	适量

做法 Recipe

1. 锅洗净烧热，倒入适量食用油，炒香菇丝。

2. 再放入泡发虾皮、五花肉片、竹笋丝、胡萝卜丝、黑木耳丝、金针菇及蒜泥一起炒香。

3. 然后在锅内加入高汤和所有调料，以水淀粉勾芡，加入蛋液搅拌均匀，煮沸，即为打卤面汤头。

4. 另起锅，倒入热水烧开，将拉面放入煮熟，捞起沥干后放入碗内，倒入适量的打卤面汤头，最后撒上香菜、葱花即可。

名不显食很香：

臊子面

　　臊子面由来已久，由唐代"长命面"发展而来，深得文人墨客的喜欢，苏东坡曾留下"剩欲去为汤饼客，却愁错写弄獐书"的诗词表露其对臊子面的喜爱。臊子面面条细长，劲滑爽口；汤汁虽看似油润，口感却是醇厚，是一道老少皆宜的传统面食。臊子面既可以勾起无限食欲，又有一定的营养价值，是面食爱好者不可错过的一道美味汤面。

材料 Ingredient

鸡蛋面	100 克
猪肉末	30 克
番茄	2 个
洋葱丁	2 大匙
香菇丁	2 大匙
葱花	1 大匙
豆豉	1 大匙
鸡高汤	250 毫升
食用油	适量

调料 Seasoning

盐	适量

做法 Recipe

❶ 在制作汤面之前，先准备好所需要的材料以及调料；把番茄洗净、切丁备用。

❷ 锅加热，倒入食用油，依序加入猪肉末、豆豉、洋葱丁、香菇丁炒熟，再放入番茄丁炒软，倒入鸡高汤转小火煮开即为酱汤，期间添加盐调味。

❸ 另起锅注水烧沸，将鸡蛋面烫熟，捞出沥干摆入碗中，倒入汤料，撒上葱花即可。

小贴士 Tips

✛ 高汤是臊子面味道的关键，可以使面更加香浓，味道更可口。

舌尖上的舞蹈：
红烧牛肉面

相传红烧牛肉面是光绪年间一位厨师创制的，后来经过不断地推陈出新，红烧牛肉面便成为名满天下的面食。红烧牛肉面讲究汤浓、味鲜、肉嫩，还有些辣，做出来的面要油而不腻，才是牛肉面的极佳境界。一碗好的红烧牛肉面是让人尝过之后还想再来一碗，鲜香的美味始终留在舌尖挥散不去。

材料 Ingredient

牛肉	250 克
胡萝卜	200 克
白萝卜	200 克
食用油	适量
面条	适量
小白菜	适量
酸菜末	少许
牛骨高汤	1500 毫升

调料 Seasoning

米酒	30 毫升
酱油	20 毫升
蚝油	20 毫升

辛香料 Spices

葱	20 克
冰糖	15 克
蒜	3 克
盐	3 克
红辣椒	5 克
姜片	5 克
肉桂	4 克
小茴香	3 克
丁香	2 克
陈皮	2 克

做法 Recipe

1. 烧一锅热水，牛肉放入其中，以滚水氽烫后，洗净再切块备用；胡萝卜、白萝卜削去外皮并切块，再以滚水氽烫至熟后捞起沥干备用。

2. 热锅，放入辛香料炒香后，加入烫后的牛肉翻炒至肉色变白时，再加入调料拌炒均匀。

3. 将牛肉连同汤汁一起放入压力快锅内煮至沸，转小火后续煮约半个小时。

4. 待安全阀下降，打开锅盖加入做好的萝卜块煮约2分钟至软即可。

5. 将面条与小白菜以滚水氽烫至熟，捞起放入碗内，加入所有汤料，食用前放些酸菜末，最后滴入适量食用油即可。

小贴士 Tips

- 牛肉若是太大就影响炖肉的时间，所以最好切得小一点。
- 加速炖烂牛肉的小妙招：放入山楂或少量醋。

食材特点 Characteristics

小茴香：味辛，性温，有散寒止痛，理气和胃的功效。在这道汤面中不仅发挥着药用价值，也增添了面汤的味道。

陈皮：一种中药材，味道微苦，具有理气调中、健脾、祛湿化痰的功效。一般在做卤汁或酱料时使用。

清炖牛肉面

　　在炎热的夏季想吃牛肉面，这份清炖牛肉面就是不错的选择。经过熬煮的牛肉鲜香细嫩，汤汁清爽，没有厚重的油腻感。清炖牛肉面听起来制作繁琐，实际上可以把原来做好的多余牛肉和汤冷冻备用，食用时将面过热水加热即可。清炖牛肉面凉吃、热吃都可以，简单实惠。

材料 Ingredient

牛腱	200 克
牛筋	200 克
白萝卜	200 克
胡萝卜	100 克
油豆腐	100 克
蒜	10 克
牛骨高汤	2000 毫升
小白菜	适量
阳春面	适量

调料 Seasoning

盐	4 克
八角	5 克
甘草	2 片
香油	5 毫升

做法 Recipe

① 把牛筋洗净，以快锅先预煮 20 分钟，取出切块；牛腱以滚水余烫过后，洗净切块备用。

② 胡萝卜、白萝卜削去外皮洗净后切块，与油豆腐一起以滚水余烫后，捞起沥干；蒜放入油锅中炸至颜色呈金黄色时，捞起沥油备用。

③ 将蒜、调料与准备好的牛筋、牛腱、牛骨高汤一起放入快锅中卤煮，在汽笛声响后煮约 25 分钟。

④ 开盖后加入白萝卜、胡萝卜、油豆腐一起卤煮至白萝卜、胡萝卜软透。

⑤ 将阳春面、小白菜放入滚水中煮熟后，捞起放入大碗内，加入煮好的汤料即可。

小贴士 Tips

➕ 牛骨高汤可以现做，在煮牛肉之前最好先过水洗净。

➕ 牛筋、牛腱要分开处理，牛筋煮制时间不宜过短，以免肉不熟；牛腱余烫时间不宜过长，否则易老。

食材特点 Characteristics

油豆腐：豆腐炸制品，颜色金黄，有弹性，内有细孔，犹如肉丝，营养价值较高。既可做主菜，也可做各类肉食的辅料。

白萝卜：做清炖牛肉面不可或缺的一种食材，有很高的药用价值，可消食、利尿、生津润肺、解毒通便。

享受麻辣主义：

麻辣牛肉面

牛肉面多种多样，无论你是喜欢清淡口感，还是喜欢醇厚口感，牛肉面都可以满足你中意的口味。若你是麻辣口感的忠实追求者，那么就不要错过这道麻辣牛肉面。辣椒、胡椒和花椒的加入，突出了牛肉面辣、麻的舒爽口感。在胃口欠佳的时候来一碗麻辣牛肉面，定能唤醒枯竭已久的味蕾。

材料 Ingredient

牛肉	30 克
毛肚	10 克
牛筋	10 克
冻豆腐	1 小块
青菜	适量
拉面	适量
牛骨高汤	适量

配料 Mix

A:

食用油	20 毫升
青葱	10 克
蒜	5 克
盐	3 克

B:

花椒粒	5 克
姜	5 克
辣椒粉	5 克
辣椒干	5 克
白胡椒	3 克
蒜	3 克
八角	3 粒

C:

辣豆瓣油	20 毫升
冰糖	10 克

做法 Recipe

1. 牛肉、毛肚以滚水氽烫洗净后，切块；牛筋先放入锅中，以滚水预煮 20~25 分钟后取出，待凉切块；青葱洗净切段备用。

2. 把锅烧热，加入食用油，将配料 A 倒入锅中爆炒，放入配料 B 一起炒香，后装入棉布袋内绑紧。

3. 将做好的牛肉、毛肚与配料 C 一起放入热油锅中翻炒至香，再连同牛筋及牛骨高汤、盐、棉布袋一起放入锅中卤煮约半个小时。

4. 另起锅，加入水烧热，将拉面、冻豆腐、青菜以滚水氽烫至熟，捞起放入碗内，加入做好的汤料即可。

小贴士 Tips

⊕ 根据个人的口味，适量添加八角、胡椒和辣椒，调节麻辣的程度。

⊕ 制作汤料时，尽量按照一定的顺序熬制，这样才能让各种味道入味。

食材特点 Characteristics

牛肚：牛的胃，是制作麻辣牛肉面的常备食材，以川味菜最为常用，口感脆嫩，较为经典的菜肴有涮牛肚等。

冻豆腐：由新鲜的豆腐冷冻而成，表面较硬、有一定的弹性，孔隙多，营养丰富，是做面重要的食材佳品。一般作为辅助性食材添加。

家常最爱一碗面：

番茄牛肉面

牛肉享有"肉中骄子"的美称，一直以鲜美的味道和丰富的营养为人们所喜欢，以其为主料做成的牛肉面也一直备受推崇。红艳的番茄经过慢慢熬煮，酸爽的口感逐渐渗透到面汤之中，与牛肉二者完美结合，共同演绎一场舌尖盛宴，再点缀些许翠绿的葱花，更添诱惑之相。

材料 Ingredient

阳春面	200 克
牛肉	50 克
胡萝卜	30 克
洋葱末	10 克
牛骨高汤	1000 毫升
小白菜	1 棵
葱花	1 茶匙
色拉油	1 大匙
姜末	1/2 茶匙
蒜末	1/2 茶匙

调料 Seasoning

番茄酱	3 大匙
盐	1 茶匙
白糖	1 大匙

做法 Recipe

1. 将牛肉放入滚水中汆烫去血水，捞起沥干切小块，备用；小白菜洗净。
2. 把胡萝卜去皮洗净后切小块，放入果汁机中，打成泥状备用。
3. 热锅，倒入色拉油，放入蒜末、姜末炒香后，加入牛肉块和洋葱末略炒，再加入牛骨高汤及胡萝卜泥和调料，以小火将食材煮至变软。
4. 将阳春面、小白菜放入滚水中煮熟，期间以筷子略为搅动数下，即捞起沥干，放入碗内。
5. 将做好的调料淋在面上，摆上葱花即可。

小贴士 Tips

+ 牛肉可以用提前卤好的牛肉，也可以用外卖的熟制品，口感软烂好消化。
+ 制作番茄牛肉面一般用现熟的番茄最佳，味道更加浓郁。
+ 想要面条的味道更加浓郁，牛肉煮的更好，最好一次性添加足够的水，这样中途不会再添加。

食材特点 Characteristics

番茄酱：鲜番茄的酱状浓缩制品，使用时能够给食物增色添味，是很好的调味剂，但适量即可，不可以吃太多。

胡萝卜：有"地下小人参"之称，富含胡萝卜素，可补中益气、健胃消食，能防治夜盲症和呼吸系统疾病。

原汁牛肉面

原汁原味最好吃:

牛肉面又称褥肉拉面，据传是光绪年间的一位名叫马保子的厨师创制的。经过漫长岁月的发展和无数厨师的创新，牛肉面终成为现在肉烂汤鲜、面质精细、誉满中外的经典中华美食。柔韧的面条、红艳的辣油、爽口的汤汁，散发着浓郁的香味，虽加入了多种配料，但仍然保持着清淡爽口的味道。

材料 Ingredient

牛后腿肉	200 克
芥蓝	适量
阳春面	适量
葱花	适量
香菜	适量
蒜末	适量

卤料 Halogen material

桂皮	10 克
八角	8 克
小茴香	6 克
草果	6 克
花椒	5 克
甘草	5 克
丁香	3 克

配料 Mix

A：	
青葱	80 克
蒜	30 克
姜片	20 克
红辣椒	3 克
B：	
蚝油	20 毫升
辣豆瓣酱	50 克
冰糖	25 克
C：	
牛骨高汤	400 毫升
米酒	15 毫升
盐	4 克

做法 Recipe

1. 先烧开一锅热水，把牛后腿肉以滚水汆烫、洗净，切块备用。

2. 锅洗净后加热，以干锅小火方式将卤料干炒 2~3 分钟，再放入棉布袋内绑紧备用。

3. 将锅加热，放入食用油炒香配料 A，再加入配料 B 略炒数下后，放入烫过的牛后腿肉翻炒均匀。

4. 取锅加水烧热，放入做好的卤料包、配料 C 及牛后腿肉煮至滚沸，后改小火开始续煮约半个小时。

5. 将阳春面、芥蓝以滚水汆烫至熟，捞起放入碗内，加入做好的所有汤料，食用前加入葱花、香菜、蒜末即可。

小贴士 Tips

- 各种辅料不一定都要齐全，缺少一两样也没关系。
- 要想做好原汁原味的牛肉面，高汤的选择至关重要，一般可以选用牛骨高汤。

食材特点 Characteristics

八角：卤料中重要的食材，有特殊香气，应用广泛，适宜在制作各种菜肴时使用，能够提升菜肴的香味。

芥蓝：带有一定的苦味，含有大量膳食纤维，能防止便秘。适合食欲不振、便秘、高胆固醇患者食用。

巴蜀经典美食：

川味牛肉面

牛肉面可谓是家常汤面，由此而衍生出的各种美味牛肉面更是多种多样，其中的川味牛肉面算是巴蜀面食美味中的经典。川味牛肉面和其他类型牛肉面最大的不同在于配料的区别，在这道牛肉面中添加了花椒粒、辣豆瓣酱、八角、桂皮等多种调料，这些调料味道浓烈厚重，能够充分展示川味辛辣酸麻的特色，让这道川味牛肉面更加可口。

材料 Ingredient

牛腩	200 克
拉面	150 克
牛腱	100 克
小白菜	70 克
牛骨高汤	适量

调料 Seasoning

酱油	5 毫升
盐	2 克

配料 Mix

A:

牛脂	50 克
葱	30 克
蒜	20 克
姜片	10 克
花椒粒	10 克

B:

辣豆瓣酱	50 克
冰糖	30 克
八角	6 克
桂皮	6 克
甘草	2 片
米酒	50 毫升

做法 Recipe

❶ 先加热一锅热水至沸腾，把备好的面条放入煮熟。

❷ 将小白菜洗净切段，放入锅中；牛腩、牛腱汆烫、切块，然后混合配料 A、B 一起拌炒入味，最后加入高汤和调料煮 20~25 分钟即熄火。

❸ 将面条和小白菜捞起放入碗中。

❹ 在碗中加入煮熟后的牛肉块和汤汁即可。

小贴士 Tips

➕ 食用时可依个人喜好加入适量的酸菜、香菜、青蒜末等配料，滴入少许自制的辣油味道会更好。

➕ 牛肉的选择多样，不一定是牛腩与牛腱，但事先一定要用滚水汆烫，这样能够保证肉质紧密，易熟，不易老。

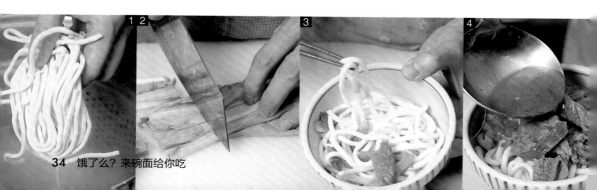

1 2 3 4

招牌好味道:
虾汤面

虾汤面是我爱吃、也是经常做的面条之一。据说虾汤面最早出现在南方，当时的渔民们生活困难，把捕捞起来的鱼虾大部分卖掉，小的虾就用来拌面吃。后来感觉太过麻烦就将虾烤干，每当吃饭时就抓一把撒在面中。后来由于各地风俗不同，虾汤面就演变成不同的样式，这道虾汤面就是其中一种。

材料 Ingredient

细拉面	100 克
鲜虾	3 只
上海青	3 棵
鱼板	1 片
高汤	400 毫升
食用油	适量

调料 Seasoning

盐	1/2 小匙
白胡椒粉	1/2 小匙

做法 Recipe

1. 将鲜虾洗净剥壳、去虾线，保留虾仁、虾头和虾壳；上海青洗净，备用。

2. 把锅洗净、烧热，倒入食用油，加入虾头与虾壳以小火炒香，然后加入高汤煮约 15 分钟，再加入白胡椒粉调匀，滤除虾壳后即为虾高汤。

3. 备一锅清水，烧沸，将细拉面放入煮熟，捞起沥干后放入碗中。

4. 将做好的虾高汤加热煮沸，加入洗净的上海青、虾仁、鱼板及盐，煮至虾仁熟透，倒入面碗内即可。

困难生活的好伙伴：

担仔面

　　担仔面名字的由来与洪氏芋头公后代挑担卖面有关，因恰逢捕鱼淡季的小月，故而又称"度小月担仔面"。在担仔面的制作过程中，肉臊的配方尤为重要，再配以鲜虾、蒜泥、香菜提味，一碗简单而又美味的面食小吃就这样出来了。

材料 Ingredient

油面	150 克
肉臊	30 克
葱花	5 克
红葱酥	5 克
鲜虾	1 只
卤蛋	1 个
高汤	适量
韭菜	适量
绿豆芽	适量
香菜	适量
蒜泥	5 克

调料 Seasoning

蒸鱼酱油 15 毫升

做法 Recipe

❶ 将绿豆芽洗净；鲜虾去虾线、去壳（尾保留）洗净；韭菜择捡，洗净、切段，备用。

❷ 烧一锅热水，将油面与洗净的绿豆芽、韭菜段放入沸水中余烫至熟，捞出沥干，放入碗内。

❸ 将准备好的鲜虾放入沸水中烫熟，捞出备用。

❹ 最后在面碗中加入肉臊、高汤、蒜泥、葱花、红葱酥、蒸鱼酱油拌匀，再放上烫熟的鲜虾、卤蛋和香菜即可食用。

清淡劲爽：

切仔面

面如其名，除与刀切有关外，还有就是把面放入一个笊箕里，再用另外一个空的笊箕压住，然后放入沸水锅中，提起放下，发出"切切"的声音，所以得名切仔面。清淡的口感，劲爽的面条，再点缀些许翠绿的韭菜，定能让你胃口大开。切仔面也成为当地一种独特的饮食文化。

材料 Ingredient

油面	200 克
熟猪瘦肉	150 克
韭菜	20 克
绿豆芽	20 克
高汤	300 毫升
香菜	少许

调料 Seasoning

盐	1/4 小匙
鸡精	少许
胡椒粉	少许

做法 Recipe

1. 韭菜洗净、切段；绿豆芽去根部洗净，与韭菜段一起放入沸水中汆烫至熟捞出；熟猪瘦肉切片，备用。

2. 烧一锅热水，将油面放入沸水中汆烫一下，沥干后放入碗中，再加入汆烫过的韭菜段、绿豆芽与熟猪瘦肉片。

3. 把锅洗净后，再将高汤倒入煮开，加入所有的调料搅拌均匀；把高汤放入面碗中，再加入香菜即可。

小贴士 Tips

+ 熟猪瘦肉的制作方式：将肉洗净后切块放入高汤中煮沸半个小时即可。

+ 煮油面时，当面沉入沸水中一段时间后，一定要将面拉出水面沥干，如此重复几次。这样做出来的面才能爽滑韧劲，也是切仔面正宗的做法。

食材特点 Characteristics

油面：又称黄面，虽称为油面，实际上是因为制作时添加了油所以才会感觉到油腻。油面在食用时劲道爽滑，面条纤细，口感很好。

香菜：常用的调味食材之一，能够添色增味，但是不能多吃，一般患有口臭、牙齿有问题的人不宜吃。多用于汤菜中。

简简单单才是真：

葱开煨面

　　一个人在家，总是想着偷懒做事，饭菜也是一样，能简单则简单，这就是所谓的"懒人餐"了。一碗热乎乎的葱开煨面，富有营养的猪骨煨汤、浓香扑鼻的葱花香味，再放入丰富的食材，有虾米、有生菜、有葱，简简单单，非常适合一个人的午餐时光。既能填饱肚子，又富有营养，而且吃饱后短时间的午休还不会积食，特别适合肠胃不好的人。

材料 Ingredient

粗拉面	150 克
虾米	30 克
生菜	30 克
葱	2 棵
猪骨煨汤	600 毫升
食用油	适量

调料 Seasoning

盐	1/2 小匙
胡椒粉	少许

做法 Recipe

1. 虾米泡水约 3 分钟，捞出洗净沥干；葱洗净切斜段，并将葱白、葱绿分开，备用。

2. 锅烧热后，放入食用油，再放入洗净的虾米以小火炒约 2 分钟，接着放入葱白炒至微黄，续加入猪骨煨汤与所有调料一起拌煮均匀。

3. 另起锅，将粗拉面放入锅中煮熟，捞出沥干备用。

4. 将烫过的粗拉面放入汤料锅中，以小火煮约 4 分钟后，再放入葱绿与洗净的生菜一起煮约 1 分钟即可。

正宗云吞有讲究：
广式云吞面

　　云吞在北方称为馄饨，因最早是以猪肉为肉馅，所以也称"净肉云吞"。云吞看起来制作简单，实际上很是讲究：肉馅要三肥七瘦，剁成肉糜。广式的云吞是清代时由湖南传入，开始只是小摊小贩在街头贩卖，传入香港后才真正兴起，如今依然兴盛不衰。一份正宗的广式云吞一定要是经过汤头煮熟的，入口有弹性、口感爽滑。

材料 Ingredient

拉面	150 克
韭黄	10 克
青菜	适量
鲜虾云吞	4 个
鲜味汤头	500 毫升

调料 Seasoning

盐	1/2 小匙
鸡精	1/2 小匙
胡椒粉	少许
香油	少许

做法 Recipe

❶ 准备好各种材料及调料；把青菜洗净。

❷ 将锅洗净，加入适量清水烧沸，把拉面及洗净的青菜烫熟，捞起放入碗内备用。

❸ 将鲜虾云吞放入烧热的沸水煮约 3 分钟后捞起，放入准备的面碗内。

❹ 鲜味汤头加入盐、鸡精、胡椒粉调味，倒入面碗里，再撒上洗净切成小段的韭黄，再滴上少许香油。

颠覆印象的排骨：
丰原排骨酥面

　　猪排骨是丰原排骨酥面的精妙所在，经过数种腌料的腌制，去除了猪排骨本身的腥味，再裹以红薯粉油炸，所有的味道便被完全封锁其中。炸好的猪排骨放入蒸锅中稍蒸片刻，猪排骨的香味儿慢慢渗透出来，溢满整个厨房，再搭配精细的油面，一碗鲜香酥爽的排骨面很快就做好了，特别适合与朋友一起分享。

材料 Ingredient

油面	150 克
猪排骨块	100 克
绿豆芽	50 克
韭菜	20 克
葱段	15 克
香菜	10 克
蛋液	50 毫升
红薯粉	5 大匙
食用油	适量
高汤	500 毫升
蒜	15 克

腌料 Marinade

蒜末	30 克
葱段	20 克
盐	1 大匙
酱油	1 大匙
豆腐乳	1 块
白糖	1 大匙
五香粉	1 小匙
胡椒粉	1 小匙

调料 Seasoning

盐	1/2 大匙

做法 Recipe

1. 所有腌料加入蛋液中拌匀，再加入洗净沥干的猪排骨块拌匀，腌渍约 1 个小时。

2. 取出腌好的猪排骨，蘸裹上薄薄的红薯粉后备用。

3. 把锅烧热，倒入食用油，将猪排骨放入 170℃油温的锅中炸约 4 分钟，然后转大火炸约 1 分钟，至猪排骨酥呈金黄色时，捞起沥油；再放入蒜与葱段略炸捞出。

4. 将猪排骨酥、葱段、蒜与高汤一起装进容器，放入蒸笼内蒸约 50 分钟；将所有调料加入开水锅，放入油面煮约 1 分钟后，马上捞起放入碗中备用。

5. 将洗净的韭菜和绿豆芽放入煮油面的沸水中汆烫捞起，与蒸好的猪排骨酥和高汤放入面碗内，放上香菜即可。

小贴士 Tips

+ 如果不嫌麻烦，可以熬制鸡汤来代替高汤，这样鲜味更浓。

食材特点 Characteristics

蛋液：在腌渍猪排骨时可以增加腌渍的黏稠度，使各种腌料相互交融，更加入味。

豆腐乳：由豆腐发酵而成，蛋白质等营养丰富，是常用的食材之一。在日常生活中经常被当作简单的拌食酱料使用。

不一样的诱惑：

猪蹄煨面

猪蹄含有丰富的胶原蛋白，常食会使皮肤光滑细腻，是爱美女性美容养颜的佳品。这道猪蹄煨面便是以猪蹄为主制成的美食，先炒出猪蹄的香味，再加入绍兴酒煮至完全入味，最后加入拉面略煮即可。浓香的鲜美味道，让胃口大开，汤可润肤，肉可养颜，那你还在等什么，快来试一试这道"美容面"吧！

材料 Ingredient

粗拉面	150 克
老姜片	20 克
葱	30 克
猪蹄	1/2 只
当归	1 片
食用油	适量

调料 Seasoning

绍兴酒	1 大匙
盐	1 小匙
胡椒粉	1/4 小匙

做法 Recipe

1. 将猪蹄洗净，切适当大小的块；烧一锅开水，将猪蹄放入滚水中以小火汆烫约 3 分钟后，捞出洗净备用；把葱洗净沥干水分，部分切长段，剩余切葱花，备用。

2. 另起锅加热，放入少许食用油烧热后，放入老姜片和葱段爆香至金黄色，再放入猪蹄块，以小火炒约 3 分钟，然后放入器皿中。

3. 将炒好的猪蹄放入瓦罐中备用；取一锅水，加热待滚后，放入粗拉面汆烫约 1 分钟，捞出沥干备用。

4. 在瓦罐中加入绍兴酒、当归和适量的水，以中火煮滚后捞除浮沫，盖上锅盖，转小火煨煮约 3 个小时。

5. 当瓦罐中水少后，再加入适量的水和盐，续煮约 15 分钟。

6. 将烫熟的粗拉面放入熬制猪蹄的瓦罐内，煮约 4 分钟后，挑出老姜片、葱段、当归，把面盛碗，撒上葱花与胡椒粉即可。

小贴士 Tips

+ 加入老姜片和葱段可以促进猪蹄肉香的释放，也能增添姜和葱的香味和色泽。
+ 煮汤时会出现浮沫，可以用勺捞出，以免影响汤的味道和面的色泽。

喧宾夺主的狮子头：
狮子头汤面

　　狮子头是淮扬名菜，历史久远，具有肉质鲜嫩、清香味醇的特点。传说始于隋炀帝，后来郇国公宴客，宾客们见其形如"雄狮之头"，便改名为"狮子头"，如此便流传至今。一碗汤面放入狮子头，可谓是锦上添花，香味更加浓郁，口感更加丰富，惹人垂涎。

材料 Ingredient

蔬菜拉面	100 克
猪绞肉	300 克
猪油	50 克
淀粉	10 克
高汤	适量
红辣椒丝	适量
葱花	适量
食用油	适量

调料 Seasoning

盐	2 克
味精	2 克
白胡椒粉	2 克
酱油	5 毫升
香油	5 毫升

卤料 Halogen material

盐	2 克
酱油	10 毫升
八角	2 粒
甘草	1 片
水	500 毫升

做法 Recipe

❶ 将猪绞肉、猪油、酱油、香油、盐、味精、白胡椒粉混匀，加入100毫升水拌匀，再加入淀粉搅拌，放入冰箱冷藏约 3 个小时。

❷ 取出肉馅后，将其搓成丸子状，放入油锅中炸至金黄，再放入卤料中，卤约半个小时。

❸ 锅洗净后，倒入适量清水，加热烧沸，放入蔬菜拉面煮熟，捞出放入汤碗内，加入肉丸子、红辣椒丝、葱花，并加入高汤即可。

小贴士 Tips

➕ 狮子头肉馅的制作很有技巧：肉馅里加入香油等油性材料，然后用手或是小木板搅动拍打肉馅，这样做出来的丸子才会味道更加，口感更为丰富。

➕ 搓肉丸之前，一定把拌匀的肉馅冷藏一段时间，这样搓出来的丸子不会散开。

➕ 煎炸肉丸时，放入卤汁可使其更加入味，增加狮子头的香味。

食材特点 Characteristics

淀粉：经常被作为芡粉使用，大多用于熘、滑、炒等烹调中，使汁液的浓稠度增加，菜肴更加柔嫩润滑，风味更加鲜美。

香油：由芝麻提炼而成，色泽橙黄，味道香浓，多用于调制菜肴和汤羹中，能够增味添香，口感更佳。

美味私房料理：

酸白菜牛肉面

白菜素有"百菜之王"的美誉，它含有丰富的营养，在家庭餐桌上常见其身影。把白菜放入加了腌料的密封罐子中腌制一段时间，既可以作为小菜，也可以与牛肉、面一起做成酸菜牛肉面。牛肉的鲜美、劲滑的拉面与酸爽的白菜完美结合，共同演绎不一样的牛肉面。酸白菜牛肉面尤其适合在胃口欠佳时吃，清中带酸，酸中带鲜，真是美味停不下来。

材料 Ingredient

肥牛肉片	150 克
细拉面	200 克
酸白菜	100 克
高汤	600 毫升
葱花	1 大匙

调料 Seasoning

醋	1 大匙
鸡精	1 茶匙
盐	1/2 茶匙

做法 Recipe

① 把各种食材准备好，将酸白菜切段。

② 锅洗净后，将高汤倒入，加热煮滚，加入酸白菜段煮约 3 分钟。

③ 待汤烧滚过后，在汤头里加入盐等调料。

④ 加入肥牛肉片，煮至滚沸 2~3 分钟，加入调料拌匀。

⑤ 将细拉面放入滚水中煮约 3 分钟至熟，期间以筷子略为搅动数下，即捞起沥干、放入碗内，再放入做好的酸白菜牛肉汤及葱花即可。

小贴士 Tips

⊕ 肥牛肉片油脂丰富，吃起来口感软嫩，但要注意入锅煮的时间不宜太久，因为牛肉片较薄，煮太久容易过老。

⊕ 酸白菜的量可以根据个人的口味适量添加，但不宜过多，以免影响面汤的整体口味。

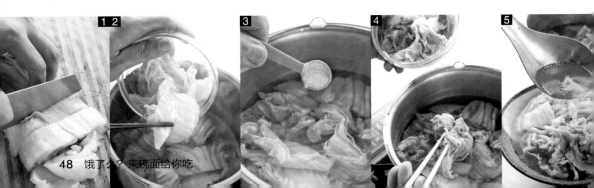

火与水的相融：
咖喱海鲜面

　　印度菜的多样变化在于它丰富的调料，咖喱便是其中之一。有时候没有胃口，我最先想起来的总是这道独具印度风味的咖喱海鲜面。咖喱与各种海鲜相互融合渗透，口感极为丰富，再点缀上翠绿的上海青，光是看着就忍不住让人食指大动。来上一碗，更觉美味无比。

材料 Ingredient

细拉面	150 克
蛤蜊	100 克
鲷鱼片	50 克
洋葱	20 克
上海青	20 克
虾仁	3 只
高汤	350 毫升
食用油	适量

调料 Seasoning

咖喱粉	1/2 小匙
盐	1/2 小匙

做法 Recipe

❶ 洋葱洗净切丝；上海青洗净；鲷鱼片洗净切成小片，加少许盐（分量外）搅匀后腌渍约 15 分钟；虾仁去虾线洗净，备用。

❷ 锅中加适量水烧开，放入细拉面、煮熟捞起，放入碗中。

❸ 把锅洗净后烧热，加入适量食用油，倒入洋葱丝炒香；再加入盐、咖喱粉、高汤煮沸熄火，放入洗净的蛤蜊、上海青、鲷鱼片及虾仁煮沸。

❹ 最后将煮熟的细拉面放入即可。

小贴士 Tips

➕ 咖喱粉在食材炒至全熟后添加为最好。

➕ 加入咖喱粉后，火候不要太大，要不然汤容易煳锅。

➕ 咖喱中含有盐分，所以在烹饪时，盐的用量要适中，味道不够时再添加。

食材特点 Characteristics

鲷鱼片：营养丰富，富含蛋白质、钙、钾、硒等营养素，为人体补充丰富蛋白质及矿物质。中医认为，鲷鱼具有补胃养脾、祛风、运食的功效。

蛤蜊：一种常见的海鲜，营养价值丰富，具有滋阴润燥、利尿消肿、软坚散结作用。可用在煮面、熬制海鲜汤料等。

海鲜汤面

海鲜汤面是众多海鲜的盛宴，蛤蜊、鲷鱼、牡蛎一个个常见的美味海鲜被放入滚开的水中熬制成汤，成为这道面食的美味汤料。海鲜汤面保留了海鲜原有的鲜味，看似清淡，实则是清中带鲜，鲜中飘香，入口便让人欲罢不能。你若是海鲜的忠实粉丝，那么海鲜汤面便不能错过，它可以带你领略一番海的味道。

材料 Ingredient

拉面	150 克
蛤蜊	75 克
鲷鱼片	60 克
墨鱼	30 克
牡蛎	20 克
圆白菜	30 克
胡萝卜	10 克
葱	1 棵
高汤	350 毫升

调料 Seasoning

盐	1/2 小匙

做法 Recipe

1 将墨鱼洗净、切段；蛤蜊、牡蛎洗净，放置备用；鲷鱼片洗净腌渍；把准备好的墨鱼、牡蛎和鲷鱼片放入烧开的沸水中余烫后捞起，备用。

2 把锅洗净后，倒入高汤烧开煮沸，放入拉面煮约 2 分钟。

3 加入余烫过的墨鱼段、鲷鱼片、牡蛎及洗净的蛤蜊，煮至蛤蜊口张开。

4 将圆白菜、胡萝卜均洗净，切成丝，入锅中一起煮。

5 再往锅内加入盐调味。

6 最后加入葱段，煮 1 分钟左右即可盛碗食用。

小贴士 Tips

+ 蛤蜊在清洗过程中，一定要加盐静置 2 个小时，重复上述做法，保证其吐尽沙土，不然会影响面的口味。

+ 烹饪海鲜之前，可以用姜、料酒去腥。

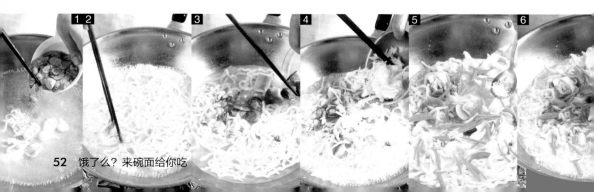

怦然心动：
香菇肉羹面

用美味的香菇肉羹来做面浇头，爱吃面的你一定会爱不释手。浓浓的香味，配上雪白的面条，色香味俱全。香菇的浓郁香气和肉末完美融合，造就了另一种醇厚的气味。再趁着缓缓升腾的热气将面条与浇头拌和，顿时面条被染上了油光鲜亮的色泽，面对这样的一碗面，教人怎样不心动？

材料 Ingredient

熟细油面	200 克
肉羹	200 克
香菇丝	20 克
熟笋丝	20 克
胡萝卜丝	15 克
红葱末	5 克
蒜末	5 克
高汤	700 毫升
水淀粉	适量
香菜	适量
食用油	适量

调料 Seasoning

生抽	1 大匙
盐	少许
香油	少许
陈醋	少许
胡椒粉	少许
冰糖	1/3 大匙

做法 Recipe

1. 将锅洗净后，加热倒入食用油，爆香红葱末、蒜末后取出。

2. 在原锅中放入香菇丝炒香，倒入高汤，放入胡萝卜丝、熟笋丝煮开，加入爆香后的红葱末、蒜末以及生抽、盐、冰糖，用水淀粉勾芡后倒入器皿中。

3. 把锅洗净，加入适量水烧沸，将肉羹氽烫约 30 秒，捞出放入熟细油面的碗中。

4. 在肉羹面碗中加入适量做法 2 中的材料，再加香油、陈醋、胡椒粉拌匀，撒上洗净的香菜即可。

小贴士 Tips

+ 把廋肉、肥肉搅成泥状，拌入盐、糖、香油、白胡椒粉等调料，捏成颗粒状后投置于沸汤内，煮熟捞起就是肉羹。

+ 用干香菇代替鲜香菇味道更香一些。

食材特点 Characteristics

香菇：营养价值丰富，含有高蛋白、多种氨基酸和维生素，是常食用的菌类食物之一。具有提高机体免疫力、延缓衰老、防癌抗癌、降血压、降血脂、降胆固醇的功效。

冰糖：带有清爽不腻的甜味，可用于煲制各种滋补食品。但患有高血压、动脉硬化、冠心病者，以及孕妇、儿童宜少食；糖尿病、高血糖患者必须忌食。

此茶非彼茶：
肉骨茶面

肉骨茶起源于南方，早年北方人南下，由于当地环境湿热，为了祛除湿气，预防风湿，就将各种可用的药材一起熬汤，因避讳药就称为茶。肉骨茶因是由多种中药材熬制而成，不仅能够排湿祛寒，还能滋养身体，清爽精神。肉骨茶味道极佳，肉质香嫩，这道肉骨茶面就具有这样的美味。

材料 Ingredient

面条	150 克
猪排骨	200 克
油条	1 根
肉骨茶汤头	500 毫升

调料 Seasoning

盐	1/2 小匙

做法 Recipe

1 将锅洗净后，倒入肉骨茶汤头，放入猪排骨并添加调料煮开。

2 另起锅加水烧沸，放入面条烫熟，捞起沥干后置于碗中备用。

3 取之前熬煮汤头中的猪排骨切小块；油条撕小块，放在烫熟的面条上，淋上煮开的肉骨茶汤头即可。

小贴士 Tips

+ 制作肉骨茶面，肉骨茶是关键，可以自己动手制作，也可以在超市里买。

+ 油条可以根据自己的喜好来决定是否需要，也可以更换其他个人喜好的食材。

+ 肉骨茶还可用来和米饭、油条一起搭配，配上一些调料调味，就是一道美味的小吃。

食材特点 Characteristics

油条：蘸着肉骨茶吃是油条的一大特色，也是吃肉骨茶类食物不可缺少的食材之一。日常生活中油条常被当作早餐。

猪排骨：动物剔肉后剩下的带有少量肉的肋骨和脊椎骨，营养丰富。添加猪排骨能够使肉骨茶面更加具有口感，香味更加浓郁。

香飘万家:

霜降牛肉蚌面

霜降牛肉蚌面是需要带着轻松愉悦心情去做的美食，把对家人、朋友的关爱注入其中，幸福就会成倍增加。霜降牛肉因油脂分布均匀，如雪花般漂亮而得名。它有丰富的蛋白质，是寒冬时节的补益佳品。沸腾的高汤有了蛤蜊、金针菇、洋葱丝的加入，更添鲜美口感。

材料 Ingredient

拉面	150 克
蛤蜊	50 克
霜降牛肉	50 克
小白菜	30 克
洋葱	15 克
金针菇	10 克
蚌面高汤	400 毫升
蛤蜊水	3 大匙

调料 Seasoning

盐	1/2 小匙

做法 Recipe

1. 将蛤蜊处理干净；金针菇洗净去蒂；小白菜洗净切成段；洋葱洗净切丝；霜降牛肉切片。

2. 烧一锅热水，将拉面放入锅中煮熟，捞起沥干后放入碗中。

3. 将蚌面高汤煮沸，放入洗净的蛤蜊、金针菇、洋葱丝、小白菜段及盐，煮至蛤蜊口张开，倒入面碗内。

4. 锅洗净后，加入水加热，把霜降牛肉片放入水温约85℃的锅中，煮至呈白色时捞出，放入面碗内，再加入蛤蜊水即可。

小贴士 Tips

- 若没有霜降牛肉，也可以用其他部分牛肉来代替，这道汤面的名字也就随之更换了。
- 蛤蜊水是煮蛤蜊时留下来的汤水，非常有用，可以炒菜，也可以与蛤蜊一起冷冻保存鲜味。

食材特点 Characteristics

小白菜：一种日常食用的蔬菜，青白相间，叶宽柄厚，是蔬菜中含矿物质和维生素最丰富的菜。食用方法很多，可清炒或与其他食材拌炒。

金针菇：经常食用的一种食材，常用在火锅、煮汤中，营养丰富，对儿童的身高和智力发育有良好的作用，人称"增智菇"。

别样的味道:
沙茶羊肉面

沙茶羊肉面是一道简单至极的美食,还没有见其面目,先被它芳香四溢的香味所吸引。它的主要配料沙茶酱是外来的调味品,源自印度尼西亚,传入我国经过改良之后,味道咸辣鲜香,还有一丝微甜之感,以其作为配料的美食都带有了些许的异国风情。这样一道沙茶羊肉面让你不用跋涉千里,在家便可以尝到异国的风味。

材料 Ingredient

油面	200 克
羊肉片	100 克
熟笋丝	20 克
高汤	500 毫升
水淀粉	适量
罗勒叶	适量
蒜末	适量
食用油	适量

调料 Seasoning

沙茶酱	适量
鸡精	适量
盐	适量
米酒	1 小匙
酱油	1/2 大匙
白糖	1/2 小匙

做法 Recipe

1. 先把所有材料、调料准备好。将羊肉片、罗勒等材料洗净沥干,备用。

2. 锅洗净后加热,倒入适量食用油,将蒜末爆香;再加入羊肉片拌炒,续加入适量盐、沙茶酱、米酒炒熟后,盛起备用。

3. 重新加热原锅,放入食用油爆香剩余蒜末,加入剩余沙茶酱炒香,再倒入高汤、熟笋丝及剩余盐、酱油、白糖、鸡精煮开,用水淀粉勾芡,即为羹汤。

4. 将油面放入沸水中余烫,立即捞起沥干水分,盛入碗中,再加入羊肉片、羹汤,放入洗净的罗勒叶即可。

小贴士 Tips

- 炒沙茶酱时要防止粘锅、炒焦,同时不宜过稀,至米糊状即可。
- 制作羹汤时一定要添加水淀粉勾芡,这样羹汤才能够黏稠,味道鲜美。

食材特点 Characteristics

沙茶酱:食用的酱料之一,色彩呈褐色,黏糊状,具有蒜、洋葱等多种香味,咸、甜、辣复合的味道,层次丰富。制作沙茶羊肉面最主要的就是沙茶酱的味道。

水淀粉:干淀粉加入水,和在一起就是水淀粉,加热到一定热度后就会变成胶体溶液,能够增加汤的黏稠度。一般制作汤羹时使用。

鱼香浓郁：

鱼羹面

　　鱼羹面的精华就是鱼肉，腌制后的鱼肉既去除了腥味，又吸收补充了腌料的味道，在裹粉煎炸之后，各种味道相互融合，更加多样。再放入清水中加煮，这些味道慢慢散发出来，一份鲜美的鱼羹汤就做好了，味道清新浓郁。配上一把面条，加上青菜，可口的鱼羹面就可以端上桌了，特别适合晚餐食用。

材料 Ingredient

油面	150 克
鱼肉条	300 克
大白菜丝	50 克
黑木耳丝	50 克
姜末	适量
蒜泥	适量
香菜	适量
红薯粉	适量
水淀粉	适量
食用油	适量
鱼高汤	500 毫升

调料 Seasoning

陈醋	10 毫升
米酒	10 毫升
香油	1 小匙
盐	1 小匙
白糖	1 大匙
胡椒粉	2 小匙

腌料 Marinade

葱段	60 克
姜片	40 克
胡椒粉	适量
米酒	适量

做法 Recipe

❶ 先将鱼肉条加腌料腌半个小时，取出沾红薯粉，放入油温为 170℃的油锅中，炸至呈金黄酥脆。

❷ 锅洗净后，倒入鱼高汤煮沸，加入大白菜丝、黑木耳丝、姜末、盐、白糖、胡椒粉、米酒煮沸，以水淀粉勾芡。

❸ 待汤烧沸后，加入鱼肉条、蒜泥、陈醋与香油拌匀，放入煮熟的油面及香菜即可。

小贴士 Tips

➕ 腌制鱼肉条之前，一定把鱼刺去除干净。煎炸时，油的温度要控制好，不宜过热，控制在 170℃左右即可。

➕ 汤汁的制作可以根据自己的口味或身边所有的食材、调料，自由选择。

食材特点 Characteristics

鱼高汤：以鱼骨、奶油、白葡萄酒为主，辅以胡萝卜、蒜、番茄、玉桂叶、百里香等材料熬制而成的汤汁，味道鲜美，是制作鱼类美食的重要材料。

黑木耳：制作鱼羹面时添加黑木耳丝，不仅可以为面增加色彩元素，而且黑木耳丝营养丰富，具有滋补、润燥、养血益胃、活血止血、润肺、润肠的作用。

群英荟萃:
海鲜蚌面

　　第一次见到海鲜蚌面,便被面上覆盖的蛤蜊、鱼板、鲷鱼片、鲜鱼肉以及圆白菜、金针菇所吸引,不仅因其食材繁多,热闹得如同群英荟萃,更因为这些都是我爱吃的。海产的鲜味经过时间的烹制,完全渗入到汤中,满满都是海的味道,再加上拉面的劲滑,清淡鲜香,尤其适合与家人一起分享。

材料 Ingredient

细拉面	100 克
鲜鱼肉	200 克
圆白菜片	250 克
鲷鱼片	50 克
蛤蜊	50 克
小白菜段	60 克
金针菇	15 克
青葱	5 克
洋葱	5 克
姜片	5 克
鱼板	3 片

调料 Seasoning

盐	1/2 小匙
胡椒粒	10 克

做法 Recipe

1 备一锅滚沸的水,将鲜鱼肉汆烫至表面变白,捞出备用;青葱、圆白菜片、洋葱、蛤蜊洗净。

2 在锅加入适量的水,将汆烫好的鲜鱼肉、鱼板、鲷鱼片放入。

3 将圆白菜片、小白菜段、盐和金针菇放入锅中加热煮沸。

4 待水滚2~3分钟后放入青葱、洋葱、胡椒粒以及姜片。

5 待锅继续煮滚约3分钟后,倒出鲜鱼高汤备用。

6 另取一锅,放入洗净的蛤蜊和适量的水以中火煮至蛤蜊张开;将提前煮好的细拉面倒入鱼高汤和其他食材一起盛入碗中,加入煮好的蛤蜊即可。

小贴士 Tips

+ 鱼用清水煮熟,再进行烹制,这样做出的味道更佳。在煮鱼块时,把汤熬制成白色是做面汤的最佳状态。

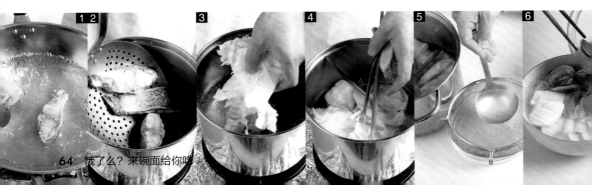

炒面
质朴的味道

　　无论是清淡的什锦炒面，还是口感浓烈的黑椒牛肉炒面，炒面总是能够和各种食材进行完美的搭配。平淡无奇的面条，丰富多变的配料，在经过一番水煮火烧之后，你想要的鲜香美味炒面就做好了。做一份喜欢的炒面，看似简单却又充满挑战和乐趣，挑选心仪的食材，掌控每一道富有变化的工序，或许一次不经意的改变就会带给你不一样的惊喜。

炒面，火中精灵

　　我自己非常喜欢吃炒面，也经常给家人和朋友做，每次都能得到夸赞。如果你也想做一个全面的面食高手，炒面是一定要学会的。炒面看起来没有汤面那种细熬慢煮的过程，讲究的却是快速翻炒，因此对火候的要求很是严格，一不小心可能就炒焦了。所以在学习炒面的时候对火候的把握要很熟悉，这就需要长时间的练习才能达到炉火纯青的地步。每次在家炒面，看着那翻飞的面条逐渐变得金黄，好像一位在火上施展舞姿的精灵，原本单调无味的食材开始变得香气浓郁。在各种各样的炒面中，我比较喜欢家常的蛋炒面，而且是炒得稍微干的那种，偶尔忙的时候就会来上一份，简单美味。

　　每种美味背后都有一段传奇故事。炒面不仅有着悠久的历史，关于炒面的故事也有很多。其中，炒面以其独特的口感和制作工艺，深受北方各地百姓的喜爱。炒面的种类也很多，根据面条的粗细、类型叫着不同的名字，有炒细面、炒刀削、炒辣条……炒辣条并不是辣条，而是一种与圆直面类似的面，不过还要粗一些。

　　说起炒面，南北方也是大不相同。南方炒面搭配食材丰富，像各种海鲜、蔬菜等，面多为细面、圆直面，色泽讲究淡雅，口感也显得稍微清淡些；北方的炒面搭配的食材略为简单，多是各种肉类或是常见的蔬菜，但面式多种多样，变着花样吃，色泽、口感厚重，一般口味清淡的人可能接受不了。南北炒面的差异也反映出物质、文化随地域的不同而不同。

　　在我国还有一种特殊的炒面那就是青藏地区的糌粑，这是当地人每天必吃的主食。糌粑实际上是由青稞谷炒熟后磨成的面粉制成。每当家里来了客人，主人家都会用双手端上一份青稞炒面，配上香味浓郁的奶茶来接待客人，很是可口。糌粑的吃法也很讲究，吃糌粑时，酥油是不可缺少的，将酥油倒入碗中，加些热水，然后用手搅拌，轻摇慢搅拌匀之后用手捏成团状就可食用了，这种吃法是不是很奇特？虽然没有细细的面条，糌粑也勉强算的是炒面的一种吧。

　　每一个地方都有其独特的美食，作为一个美食爱好者真的希望能够尝遍天下的美味。当然，我知道这几乎是不可能完成的事情，为了安慰自己饥肠辘辘的胃，那只有自己动手去学、去做了。如今，对于炒面，虽算不上精通，但也厨艺娴熟，偶尔为家人做上一份，变换口味，也是不错的选择。

香醇美艳：

番茄炒面

　　番茄总是令人难以割舍，无论是其酸酸甜甜的味道，还是其娇俏可爱的模样，都时时刻刻打动人心。番茄炒面是再普通不过的家常美食，微黄的面条上点缀着红艳的番茄，只是看着就让人食指大动，忍不住即刻开吃。再加上如名字一样香飘十里的百里香，更是锦上添花。番茄炒面是什么时候都不会让人厌烦的美食。

材料 Ingredient

圆直面	100 克
胡萝卜丁	50 克
番茄丁	30 克
百里香	少许
食用油	1 小匙
橄榄油	1 大匙

调料 Seasoning

| 红酱 | 5 大匙 |
| 盐 | 1 小匙 |

做法 Recipe

❶ 将圆直面放入滚水中，加入 1 大匙橄榄油和 1 小匙盐，煮约 8 分钟至面软化且熟后，捞起泡入冷水中，再加入 1 小匙食用油，搅拌均匀放凉备用。

❷ 取一平底锅，倒入红酱加热拌匀，再放入胡萝卜丁、番茄丁煮至软。

❸ 放入圆直面混合拌炒均匀，略煮一下即可盛盘，并以百里香装饰即可。

老少皆宜：

虾仁炒面

虾仁炒面不仅简单开胃，而且清淡爽口，是一道老少皆宜的美食。虾仁炒面看似简单，味道却是香浓，口感很是丰富。饱满的虾仁鲜嫩爽口，吃进嘴里满口的香味，搭配辛香的韭黄和红辣椒，可谓是色香味俱全。这样一道制作简单的美味，非常适宜在忙碌之余快速烹饪一份来满足饥饿的肠胃。

材料 Ingredient		调料 Seasoning	
阳春面	160 克	蚝油	1/2 大匙
虾仁	100 克	鸡精	1/4 匙
韭黄	50 克	盐	少许
红辣椒末	10 克	白糖	少许
蒜末	5 克	胡椒粉	少许
高汤	50 毫升		
食用油	适量		

做法 Recipe

❶ 把虾仁洗净，去除虾线；韭黄洗净切段备用。

❷ 煮一锅沸水，将阳春面放入煮约 2 分钟后捞起，然后冲冷水至凉，捞起沥干备用。

❸ 锅洗净后加热，倒入食用油，放入蒜末、红辣椒末爆香，再加入洗净的虾仁炒至变红。

❹ 然后放入韭黄段、高汤及所有调料一起快炒至香，最后加入沥干的阳春面炒匀至收汁、入味即可。

暖心暖胃美食惠：

羊肉炒面

　　在北方冬天的餐桌上常见羊肉的身影，羊肉性温热，有补气滋阴、暖中补虚、开胃健脾的功效，被称为补元阳益血气的温热补品。加入了沙茶酱的羊肉炒面遮盖了羊肉的膻味儿，靓丽的红辣椒，翠绿的空心菜，为羊肉炒面增添了些许鲜艳的颜色。在寒冷的冬天来上一份热气腾腾的羊肉炒面，定能温暖你的身心。

材料 Ingredient	
鸡蛋面	170 克
羊肉片	150 克
空心菜	50 克
姜末	5 克
蒜末	5 克
红辣椒丝	5 克
食用油	适量

调料 Seasoning	
沙茶酱	2 大匙
蚝油	2 大匙
酱油膏	1/2 大匙
盐	少许
白糖	少许
鸡精	1/4 小匙
米酒	1 大匙

做法 Recipe

❶ 煮一锅沸水，放入鸡蛋面煮约 1 分钟后捞起，过冷水至凉，捞起沥干备用；空心菜洗净切段备用。

❷ 把锅烧热，倒入食用油烧热，放入姜末、蒜末和红辣椒丝爆香，加入羊肉片炒至变色，再加入沙茶酱炒匀后盛盘。

❸ 重热原油锅，放入空心菜段大火炒至微软后，加入沥干的鸡蛋面、炒过的羊肉片和其余调料一起拌炒入味即可。

心有灵犀一碗面：

猪肝炒面

习惯很难改变，小时候和家人一起吃饭，只要有猪肝，他们总会先把猪肝夹给我。我喜欢吃猪肝，尤其是猪肝炒面，咸中带鲜的味道，诱惑的观感，每每想起都无比怀念。现在，猪肝炒面已经成为我的拿手菜，加一些陈醋更是爽滑无比，时不时露一手，总会得到朋友的称赞。

材料 Ingredient

熟面	200 克
猪肝	150 克
韭菜花	80 克
蒜片	5 克
红辣椒圈	10 克
高汤	100 毫升
食用油	适量

调料 Seasoning

酱油	1/2 大匙
酱油膏	1/2 大匙
白糖	1/4 小匙
米酒	1 小匙
陈醋	1/3 大匙
香油	少许
盐	少许

做法 Recipe

① 将猪肝洗净切片；把韭菜花洗净切段，备用。

② 把锅烧热，倒入食用油，放入蒜片爆香，然后加入红辣椒圈和猪肝片快炒约 2 分钟盛出。

③ 把锅洗净后，加入韭菜花、酱油、酱油膏、白糖、盐、米酒、高汤，加入炒好的猪肝、红辣椒和熟面一起拌炒均匀至收汁。

④ 最后加入陈醋、香油，炒均匀即可。

莫道辣无味:
香辣牛肉炒面

　　很多人都喜欢香辣的味道,只因其浓郁火爆的味觉感受,吃完会有一种爽快愉悦的感觉,让人越吃越想吃。若你也是无辣不欢的人,那么香辣牛肉炒面便不可错过。香辣牛肉炒面的精妙之处在于其香、辣的味道,要做到香中带辣,辣中飘香,其实并不困难,关键是掌握好火候。这样的香辣牛肉炒面才会给平淡的生活带来些许刺激。

材料 Ingredient

熟宽扁面	180 克
牛肉片	70 克
奶油	40 克
洋葱丝	40 克
胡萝卜丝	40 克
青椒丝	10 克
罗勒叶	适量
水淀粉	2 大匙
蒜末	15 克
水	750 毫升

调料 Seasoning

米酒	15 毫升
酱油	15 毫升
盐	2 克
香辣酱	1 大匙
小茴香粉	1/3 小匙
奶酪粉	适量

做法 Recipe

❶ 将盐、酱油、蒜末、小茴香粉、米酒、水倒入果汁机打碎混合均匀,倒入锅中煮开后,加入水淀粉勾芡。

❷ 锅中放入奶油烧热,炒香洋葱丝、牛肉片与做法 1 中的材料。

❸ 加入熟宽扁面拌炒约 1 分钟,加入青椒丝、香辣酱与胡萝卜丝拌炒,撒上奶酪粉和罗勒叶即可。

小贴士 Tips

➕ 调料随个人喜欢,不喜欢吃辣者可以减少香辣酱的用量。

➕ 香辣酱是制作这道面最重要的味道调料,因此一定要有。

➕ 因为香辣酱是咸的,所以在制作汤汁时可以少放盐,若是后来不够味,再续加。

食材特点 Characteristics

奶酪粉:牛奶中凝固的牛奶酪蛋白质组成,营养丰富,有一定的黏度。在烹饪时添加可以增加美食黏稠度。

香辣酱:色彩鲜艳;味道辛香,有很高的营养价值,能够提高食欲,一般经常使用在麻辣菜肴和各种凉拌菜中,特别是川菜中较多。

腐竹牛腩炒面

美食的发现需要大胆的尝试和无限的好奇心，不同的食材搭配在一起就可能有意想不到的味道。不记得在哪里吃过腐竹牛腩炒面，但是始终忘不掉那种咸香的味道。腐竹色泽黄白，有浓郁的豆香味，食之清香爽口，与牛腩一起结合，翻炒出不一样的美味。简简单单的搭配组合，就诞生了一道口味独特的炒面。

材料 Ingredient

鸡蛋面	200 克
牛肋条	150 克
芥蓝	40 克
胡萝卜	30 克
炸腐竹	30 克
姜	20 克
桂皮	10 克
八角	3 粒
水淀粉	1.5 大匙
葱	1 棵
水	600 毫升
色拉油	100 毫升

调料 Seasoning

豆瓣酱	1 茶匙
米酒	1.5 大匙
蚝油	1.5 大匙
白糖	1/2 茶匙
酱油	1 茶匙

做法 Recipe

1. 把鸡蛋面以滚水烫软后，捞出放凉。
2. 把牛肋条切成 3 厘米长的条状后，以滚水余烫洗净；芥蓝洗净切成段；炸腐竹以热水烫软冲凉；胡萝卜洗净切片；姜洗净切菱形片；葱洗净切段，备用。
3. 取锅烧热后加入 100 毫升色拉油，放入已凉的鸡蛋面，以小火慢煎，至两面酥脆后盛出沥油，置于盘中备用。
4. 原锅内放入姜片、牛肋条，加入豆瓣酱炒约 3 分钟，再加入米酒、水以小火煮半个小时，续加入剩余的调料与桂皮、八角煮约 15 分钟，再加入胡萝卜片、炸腐竹煮约 5 分钟，最后加芥蓝煮 1 分钟后，以水淀粉勾芡，淋至鸡蛋面上即可。

小贴士 Tips

- 熬制调料时，注意操作的顺序，把握好各调料的量，以免造成口味的差别。
- 用水淀粉勾芡时，可以根据个人的口味来调整黏稠度，但不宜过黏，否则易粘锅。

食材特点 Characteristics

腐竹：又称腐皮，颜色白中带黄，味道有豆香味，表面有油光，是非常好吃的传统食品，一般炒菜食用。

蚝油：用牡蛎熬制而成，香味浓郁，味道极佳，有一定的黏稠度，营养价值丰富，一般在粤菜中经常使用。

好吃又好做：

牛肉炒面

　　牛肉炒面是广东传统的面食小吃，是再简单不过的一种炒面，不用花费太多心思，也没有复杂的配料，食材在超市就可以买到。切几片新鲜的牛肉，准备一些甜椒和洋葱，略微翻炒即可。若是觉得颜色太寡淡，还可根据自己的爱好添加些青菜等，让牛肉炒面更丰富，口感更有层次。

材料 Ingredient

拉面	150 克
牛肉丝	100 克
洋葱	80 克
青椒	40 克
黄甜椒	40 克
蒜末	5 克
姜末	5 克
香油	少许
食用油	适量

腌料 Marinade

淀粉	少许
酱油	少许
白糖	少许

调料 Seasoning

黑胡椒末	1 小匙
酱油	1 小匙
蚝油	1/2 小匙
盐	少许
白糖	少许

做法 Recipe

❶ 将所用材料和调料准备好。洋葱洗净切丝；青椒洗净切丝；黄甜椒洗净切丝备用。

❷ 取一碗，将牛肉丝及所有腌料一起抓匀，腌渍约5分钟备用。

❸ 煮一锅沸水，将拉面放入沸水中煮约4分钟后捞起，冲冷水至凉后捞起，沥干备用。

❹ 锅中放入食用油烧热，放入蒜末、姜末爆香后，加入腌好的牛肉丝略微拌炒后盛盘。重热原油锅，倒入食用油烧热，放入洋葱丝炒软后，加入青椒丝、黄甜椒丝炒匀。

❺ 再加入沥干的拉面、炒过的牛肉丝和所有调料，一起快炒均匀至入味即可。

独具港式风情：

叉烧炒面

香港素有"美食天堂"的称号，更是一座充满魅力的城市。如果去香港的话，一定不要错过这道具有香港特色的叉烧炒面。软嫩多汁的叉烧搭配色泽鲜明的炒面，二者互相融合渗透，十分诱人，浓郁醇厚的味道让人齿颊留香，回味无穷。

材料 Ingredient

拉面	150 克
叉烧	30 克
姜	10 克
葱	15 克
食用油	适量
水	150 毫升

调料 Seasoning

蚝油	1.5 大匙
鸡精	1/4 小匙
胡椒粉	1/4 小匙

做法 Recipe

❶ 煮一锅沸水，放入拉面氽烫约 2 分钟后捞起，冲冷水至凉再沥干备用。

❷ 叉烧切丝；姜洗净切丝；葱洗净切丝。

❸ 把锅烧热，倒入食用油，放入姜丝爆香，再加入水、叉烧及所有调料一起拌炒后煮沸。

❹ 最后加入沥干的拉面一起拌炒至汤汁收干，盛盘，放上葱丝即可。

素味清欢：

什锦炒面

什锦原是四川进贡给皇帝的蜀锦，因有花色、类型繁多，故称为"什锦"，什锦炒面也因配料丰富多彩而得此名。什锦炒面是相对常见的家常主食，油面、猪肉、虾仁、韭菜等都可在市场上买到，略微翻炒即可的绿豆芽，使什锦炒面多了些许的爽脆，不至于太过油腻。这道简单的什锦炒面定不会让你失望。

材料 Ingredient

油面	200 克
猪肉	50 克
韭菜	30 克
黑木耳	15 克
绿豆芽	15 克
虾仁	6 只
高汤	5 大匙
蒜末	1 大匙
食用油	适量

调料 Seasoning

盐	1/2 小匙
白胡椒粉	少许
鲜鱼露	1 小匙

做法 Recipe

1. 若是生油面，可以先把油面煮至 8 分熟，捞出沥干，备用。

2. 把猪肉洗净切丝；虾仁去虾线洗净；黑木耳洗净切丝；韭菜洗净切段。

3. 把锅加热后，加入食用油以小火爆香蒜末，加入猪肉丝、黑木耳丝及洗净的虾仁以中火炒约 1 分钟，加入所有调料、高汤、油面后转大火拌炒约 1 分钟，加入洗净的绿豆芽、韭菜段翻炒数下即可。

粤式经典：

广州炒面

广州多美食，这是众所周知的事情，但是想要品尝地道的广州美食，一定要走街串巷去寻找，广州炒面便是一款地道的特色小吃。广州炒面中加入了素有"蔬菜皇冠"美称的西蓝花，味道爽脆可口，再搭配上鲜味十足的墨鱼片和虾仁，更加美味又营养，是去广州旅游的食客们一个很好的选择。

材料 Ingredient

鸡蛋面	150 克
叉烧	30 克
墨鱼片	30 克
猪肉片	30 克
胡萝卜片	30 克
虾仁	4 只
西蓝花	5 朵
水	250 毫升
食用油	适量
水淀粉	1.5 小匙
水	250 毫升

调料 Seasoning

| 蚝油 | 1 大匙 |
| 盐 | 1/4 小匙 |

做法 Recipe

❶ 烧沸一锅水，放入鸡蛋面煮至软后捞起，加入少许食用油拌开备用。

❷ 将墨鱼片、虾仁、猪肉片、西蓝花及胡萝卜片分别放入沸水中氽烫后，捞起备用。

❸ 热锅，倒入食用油，放入鸡蛋面以中火将两面煎至酥黄后，沥油、盛盘。

❹ 重热油锅，放入做法 2 中的材料及叉烧略炒至香，倒入水及所有调料拌匀煮开。

❺ 以水淀粉勾芡，起锅淋在面上即可。

香郁金色：

上海粗炒

　　炒面给人的最初的印象就是油光的金黄色，散发着浓郁的油香味。要是有各色蔬菜的装点，色彩艳丽，"色、香、味"三者中就占了两位。而上海粗炒似乎就具有"色、香、味"齐全的特质。爽滑的粿条在油的热炒下逐渐金黄，圆白菜丝、葱段和胡萝卜丝构成白、青、红的混色搭配，再加上些许肉丝，色香味就全部都有了。

材料 Ingredient

粿条	150 克
猪肉丝	80 克
圆白菜丝	50 克
香菇丝	20 克
胡萝卜丝	20 克
葱段	10 克
食用油	适量
水	100 毫升

腌料 Marinade

淀粉	少许
盐	1/4 小匙

调料 Seasoning

蚝油	1 小匙
白糖	1/4 小匙

做法 Recipe

① 将猪肉丝及所有腌料一起放入容器中抓拌均匀，腌渍约 5 分钟后备用。

② 烧一锅沸水，把粿条放入沸水中煮熟，然后冲冷水沥干备用。

③ 锅洗净后加热，倒入食用油，放入腌制好的猪肉丝及葱段拌炒至肉变色，再放入圆白菜丝、香菇丝、胡萝卜丝、水、调料和粿条，一起快炒至汤汁收干即可。

干烧伊面

　　干烧伊面是江苏地区的传统小吃，其最主要的特色就是伊面。伊面是用热油炸成金黄色的面条，有软硬两种之分，香味浓郁。制作干烧伊面时，在金黄的面条上浇上制作好的卤汁，搭配上其他食材即可。如果有机会到当地游玩，一定要品尝一下这道独具地方特色的干烧伊面。

材料 Ingredient

伊面	200 克
干香菇	30 克
韭黄	30 克
大地鱼粉	1/2 小匙
色拉油	1 大匙
水	250 毫升

调料 Seasoning

蚝油	1 大匙
老抽	1/2 小匙
盐	1/4 小匙
白糖	1/4 小匙
胡椒粉	少许

做法 Recipe

① 煮一锅沸水，将伊面放入滚水中煮至软后捞起、放凉。

② 韭黄洗净、切段；干香菇泡软后洗净、切丝备用。

③ 热锅，倒入色拉油烧热，放入水、所有的调料、大地鱼粉、香菇丝及伊面一起拌炒均匀后，改转中火煮至汤汁收干。

④ 起锅前，再加入韭黄段稍微炒匀即可。

四重奏的美味：
卤汁牛肉炒面

　　卤汁牛肉炒面最吸引人的地方莫过于鲜美的味道，掀开锅盖，整个房间都是卤汁的浓香。再配上蒜苗段和姜、蒜的调味，弥补了卤汁略微油腻的缺点。营养又美味的牛肉更让这道炒面锦上添花，一碗面便可以让你的餐桌上香浓散不尽。所以喜欢用卤汁做配料的食客千万不要错过这道卤汁牛肉炒面。

材料 Ingredient

宽拉面	150 克
牛肉条	100 克
蒜苗段	20 克
蒜末	1 小匙
姜末	1 小匙
食用油	适量
水	1200 毫升

调料 Seasoning

辣椒酱	2 小匙
盐	少许
白糖	少许
花椒粉	少许
酱油	5 毫升

卤料 Halogen material

葱段	20 克
姜片	20 克
辣豆瓣酱	1 大匙
香料包	1 包
白糖	2 小匙

做法 Recipe

❶ 烧一锅热水，将宽拉面放入沸水中煮熟，捞起沥干备用。

❷ 把锅洗净后加热，倒入食用油，将葱段、姜片爆香，然后放入辣豆瓣酱炒香。

❸ 继续放入牛肉条将其表面炒熟；加入其余卤料和水，以小火卤约 2 个小时至肉块软烂。

❹ 另起一锅加热，倒入食用油，放入蒜末、姜末及辣椒酱炒香；再放入卤汁、盐、白糖、酱油、宽拉面炒干，加入牛肉条及蒜苗段炒匀，撒上花椒粉即可。

小贴士 Tips

✚ 煮拉面的时候放入少许盐，煮出来的面口感会更纯正。

食材特点 Characteristics

姜：一种常用的调料，有刺激性香味，运用广泛，衍生产品众多。营养和药用价值丰富，集营养、调味、保健于一身。

豆瓣酱：用大豆为原料酿造出来的一种发酵红褐色常用调味料，在制作卤料中有提味、提鲜、增味的作用。

肉酱的演绎：

肉酱炒面

肉酱炒面是一道简单的小吃面，既可以做主食也可以做夜宵，它口感清淡爽口，味道微辣中带点麻。当你吃惯了外面的山珍海味，当你在深夜忙完工作后回家，做上一份肉酱炒面，简简单单，平平淡淡，不仅可以让你换换口味，还可以满足饥肠辘辘的身体，吃得心满意足。所以，这一道美味的小吃不可错过喔。

材料 Ingredient

细面	150 克
肉酱	100 克
绿豆芽	25 克
韭菜	20 克
蒜末	5 克
食用油	1 大匙

调料 Seasoning

生抽	1 小匙
盐	少许
鸡精	少许

做法 Recipe

1. 先准备好各种材料和调料；韭菜洗净切成段，将韭菜头、尾分开；绿豆芽洗净备用。
2. 煮一锅沸水，将细面放入煮熟后捞起，冲冷水至凉后捞起，沥干备用。
3. 锅洗净后烧热，加入食用油，放入蒜末、韭菜头爆香，再加入肉酱及绿豆芽拌炒至香味溢出。
4. 最后加入沥干的细面、韭菜尾和所有的调料，一起快速拌炒至入味即可。

小贴士 Tips

+ 炒面时最好用筷子炒，用铲子容易把面条炒断；另外，炒面时无须太用力。
+ 炒面所需的面条只需蒸至七八成熟，一般在断口处有一小点白色的，吃起来有点生的就是七成熟。
+ 肉酱是这道炒面的核心，肉酱可以根据个人口味现制，也可在超市购买。

食材特点 Characteristics

韭菜：一种常见的食用蔬菜，具有补肾、健胃、提神、止汗固涩等功效，被称为"洗肠草"。一般以炒菜等方式食用，如韭菜炒蛋等。

生抽：酱油的一种，是以大豆或黑豆、面粉为主要原料，色泽清黑，味道醇厚鲜香，有着浓厚的酱香，是日常生活中常用的调料。

就是这个味儿：
黑椒牛肉炒面

　　各种牛肉面我都爱吃，无论是牛肉汤面，还是含有其他食材的牛肉炒面。黑椒牛肉炒面中最重要的调料就是黑胡椒，气芳香，味辛辣。在牛肉炒面中加入一些黑胡椒同炒，不仅能够提升口味，而且增添卖相。惹人开胃的同时又别出新意，简简单单就能勾起你的食欲。

材料 Ingredient

熟阳春面	300 克
牛肉片	100 克
洋葱	50 克
青椒	30 克
红甜椒	30 克
蒜末	1/2 茶匙
奶油	1 大匙
水	200 毫升

调料 Seasoning

色拉油	1 大匙
盐	1/4 茶匙
酱油	1/2 茶匙
白糖	1/2 茶匙
黑胡椒粉	1.5 茶匙

做法 Recipe

❶ 把牛肉片腌渍约半个小时；洋葱、红甜椒、青椒均洗净切片备用。

❷ 热锅加入 1 大匙色拉油，放入腌渍好的牛肉片炒至变白后，盛出、沥干油。

❸ 在锅内留油放入蒜末、奶油和洋葱片略炒，加入水及调料（黑胡椒粉除外）翻炒约 1 分钟。

❹ 把熟阳春面放入锅内以中火炒约 3 分钟，再放入牛肉片、青椒片、红甜椒片及黑胡椒粉，以大火炒匀即可。

小贴士 Tips

➕ 炒面过程中，酱油不要用太多，主要是用来上颜色。

➕ 装盘后，黑胡椒粉要撒在旁边的菜上一些，可以丰富成品的色泽和摆盘样式。

食材特点 Characteristics

色拉油：各种植物原油经过多种加工工序精制而成的高级食用植物油，色泽清黄，味道鲜香。主要用作凉拌或作酱料、调料。

青椒：常用的食材之一，含有丰富的维生素 C，适合高血压、高脂血症患者食用。一般用来做菜，既增色又调味。

酱色经典恒久远：

豉油皇炒面

　　豉油皇炒面是广州人最爱的早点小吃之一，极具地方特色，每天早上在路边的饭馆里就可以经常看到。豉油皇炒面色泽金黄明亮，口感油滑爽口，香味浓郁。烹饪时将香菇、洋葱等材料爆香，然后和鸡蛋面一起拌炒加入蚝油和酱油添色增味，一份卖相极佳的豉油皇炒面就做好了，简单快捷，又美味营养，非常适合赶时间的上班族。

材料 Ingredient

鸡蛋面	150 克
绿豆芽	30 克
韭黄	20 克
洋葱	1/4 个
干香菇	2 朵
水	100 毫升
白芝麻	少许
食用油	适量

调料 Seasoning

酱油	1 小匙
蚝油	1/2 小匙
盐	1/4 小匙
白糖	1/4 小匙
胡椒粉	1/4 小匙

做法 Recipe

❶ 先烧开一锅沸水。把鸡蛋面放入沸水中煮至软后捞起，加入少许食用油拌开备用。

❷ 把洋葱洗净切丝；干香菇泡软洗净切丝；韭黄洗净切段备用。热锅倒入食用油烧热，放入拌好的鸡蛋面，以中火将两面煎至酥黄后盛盘。

❸ 以冷开水淋于煎好的鸡蛋面上，冲去多余的油分。

❹ 重热原油锅，放入洋葱丝、香菇丝以小火炒约 2 分钟至香。

❺ 在锅中再加入水、所有调料及冲去多余油分的鸡蛋面，以中火快炒均匀至鸡蛋面散开。

❻ 最后放入洗净的绿豆芽及韭黄段，拌炒至汤汁收干即可盛盘，再撒上白芝麻即可。

小贴士 Tips

➕ 制作炒面，面条味道一定要好。所以炒面事可以先用食用油拌好，然后下面拌炒，这样面条的味道、色泽更好。

食材特点 Characteristics

韭黄：为韭菜在无阳光条件下栽培变黄的产品，营养价值要逊于韭菜，具有补肾助阳、固精的功效。

白芝麻：一种营养丰富的食材，具有颜色洁白、含油量高、味道醇厚、香味浓郁的特质，一般可榨油、点缀菜肴。

浓浓的想念：
罗汉斋炒面

相传传统的罗汉斋是用十八种原料制成，寓意着对十八罗汉的敬意，在很多寺庙里都会有这样的斋菜。罗汉斋炒面是将多种食材加上鸡蛋面拌炒而成，一缕缕似蛛丝般的胡萝卜丝闪闪发光，如墨玉般的黑木耳丝盘卧，点点的绿豆芽在金黄中闪烁着绿色，美不胜收！罗汉斋炒面因食材多样，调料丰富，所以口感具有鲜明的层次性，十分的美味。

材料 Ingredient		调料 Seasoning	
A:		A:	
鸡蛋面	150 克	老抽	2 小匙
高汤	250 毫升	蚝油	2 小匙
水淀粉	15 毫升	盐	1/2 小匙
B:		鸡精	1 小匙
绿豆芽	50 克	白糖	1 小匙
草菇	50 克	白胡椒粉	少许
豆荚	30 克	B:	
面筋	20 克	香油	少许
香菇丝	20 克		
胡萝卜丝	20 克		
黑木耳丝	30 克		
金针菇	20 克		

做法 Recipe

❶ 鸡蛋面以沸水氽烫后捞起沥干水分，再放入烧热的油锅中，以小火煎至双面微焦，捞起沥干油分后盛盘，用筷子摊散备用。

❷ 另热一油锅，放入材料 B 以中火快炒数下，然后加入调料 A 和高汤以大火煮至滚，再以水淀粉勾芡，起锅前滴入香油拌匀，盛起淋在面上即可。

小贴士 Tips

➕ 进行材料 B 的炒制时，要注意各种食材的放入顺序，有的很容易炒熟，有的需要炒制一段时间，所以要注意好火候。

食材特点 Characteristics

草菇：一种热带菇类，外形浑厚肥大，味道爽滑鲜美，营养价值较高，应用广泛，炒、烧、煮都可，一般作为配菜食用。

豆荚：一种较为常食用的蔬菜，外壳和种子都可食用，营养素含量较高，一般可用于炒菜、煮熟凉拌等。

好吃不够：
豌豆苗香梨面

这道炒面虽然看似用的食材很多且杂，但制作还是很简单的，而且非常适合爱吃水果的人，其中香梨也可以换成其他水果，例如苹果、葡萄等。这一碗炒面，有菜、有主食，营养很丰富，菜色艳丽，色香味齐全，相信品尝之后定会获得大家的一致称赞。

材料 Ingredient

螺旋面	200 克
豌豆苗	100 克
红甜椒	1/3 个
香梨	1/2 个
百里香	1 根
橄榄油	1 大匙

调料 Seasoning

盐	少许
黑胡椒粒	少许

做法 Recipe

❶ 将螺旋面放入沸水中煮熟；豌豆苗择嫩叶洗净；红甜椒洗净，切成条；香梨去皮切条；百里香洗净切碎，备用。

❷ 把炒锅烧热，倒入橄榄油，再加入红甜椒条和香梨条，以中火炒至爆香。

❸ 加入螺旋面、豌豆苗与所有调料，再快速翻炒至均匀，让汤汁略煮收干，用百里香装饰即可。

小贴士 Tips

➕ 梨也可以用其他水果来代替；用中火炒成四五成熟即可，不能过熟。

➕ 百里香在做调料时要余下一些，点缀在做好的面上。

食材特点 Characteristics

 黑胡椒：果味辛辣，是现在使用较为广泛的一种调料。不仅可以调节味道，还可以刺激胃液分泌，增加食欲。

 百里香：一种香料蔬菜，具有极高的食用营养价值。烹调时，添加少许可以增加菜肴的风味，提高清香和草香味。

华丽的视觉盛宴：

杏鲍菇红酱面

　　相信很多人都有为每天吃什么而发愁的经历，似乎所有常见的美食都已经吃过，不知道还有什么可以选择。不妨来尝一尝杏鲍菇红酱面吧！形状奇特、爽滑的贝壳面，饱含香味的杏鲍菇，几缕绿白相间的上海青，再加上香辣的口感，就算是一些口感特别挑剔的美食爱好者，也会被这道独特的美食风味所吸引，从此爱上这样的味道。

材料 Ingredient

贝壳面	100 克
杏鲍菇	2 个
上海青	2 棵
奶酪丝	50 克
橄榄油	1 大匙
香芹叶	少许

调料 Seasoning

素食红酱	2 大匙
盐	少许
黑胡椒粒	少许

做法 Recipe

❶ 将贝壳面煮熟备用。

❷ 将杏鲍菇洗净切成块；上海青洗净切成段备用。

❸ 炒锅加入橄榄油，放入杏鲍菇、上海青，以中火爆香。

❹ 加入贝壳面和奶酪丝翻炒均匀，续加入所有调料一起搅拌，让汤汁略煮至稠状，以香芹叶装饰即可。

小贴士 Tips

⊕ 杏鲍菇可以单独先翻炒一下，炒得干一点，这样味道会更好一些。

⊕ 素食红酱可以用其他的辣椒酱代替，调制的效果和味道也大不相同。

⊕ 贝壳面不是很常用，可用其他的面代替。在煮制时可煮至七分熟，利于翻炒，保持品相。

食材特点 Characteristics

杏鲍菇：具有高蛋白、低脂肪和多种氨基酸和多种维生素的菌类食物。还有提高机体免疫力、延缓衰老、降血压、降血脂等功效。

香芹：既是食材也是中药，应用广泛，香味清爽，对高脂血症、高血压等多种疾病具有辅助治疗作用。

清新醇厚：

笋鸡天使面

　　天使面其实是最细的意粉，因有"天使发丝"之称而得名"天使面"。笋鸡天使面不仅有清新诱人的外表，还有醇香鲜美的味道，芦笋、鸡肉与意粉完美结合，一道营养丰富的炒面就这样出来了。对于喜爱意粉和芦笋的人来说，这道面绝对值得去学习、制作。

材料 Ingredient

细面	200 克
鸡胸肉	150 克
蒜末	3 克
番茄	1/4 个
芦笋	4 根
水	50 毫升
橄榄油	适量
动物性鲜奶油	15 克

调料 Seasoning

盐	适量

做法 Recipe

① 烧一锅开水，加入少许盐和橄榄油，放入细面煮约2分钟至半熟状，即可捞出沥干水分，放入大盘中以适量橄榄油拌匀。

② 将芦笋洗净切段；鸡胸肉洗净切块；番茄洗净切丁。

③ 热锅加橄榄油，加入蒜末、鸡胸肉块炒香，再加入芦笋段、番茄丁拌炒均匀。

④ 加入水、盐与半熟的细面，煮至汤汁收干后，加入动物性鲜奶油拌匀即可。

小贴士 Tips

⊕ 动物性鲜奶油不易保存，容易变质，选用时要用新鲜的且不宜过多，以免造成浪费。

⊕ 最后加水煮面时，水量要适中，太多就成了汤面，太少就容易粘锅。

食材特点 Characteristics

鲜奶油：从牛奶中提炼而来，由于保存期限较短，且不可冷冻保存，所以应尽快食用。

芦笋：一种经常食用的蔬菜，享有"蔬菜之王"的美称，营养丰富，含有天冬酰胺和硒、钼、铬、锰等微量元素，具有提高身体免疫力的功效。

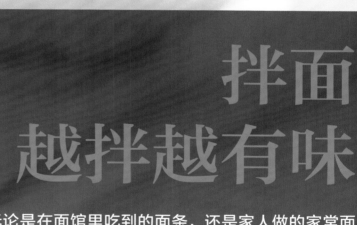

拌面

越拌越有味

　　无论是在面馆里吃到的面条，还是家人做的家常面条，那满满的一碗不仅能够满足身体饥饿所需，还能体会到那种说不出口的关怀和温暖。在家中，为家人和自己煮出美味的面条，既健康营养，更有一份温暖和幸福。若是一份拌面，搭上一碟精心熬制、滋味香浓的酱料，酱料的滋味在面条中逐渐弥漫、缠绕，吃上一口，交融的香味让人沉醉。

舌尖上的舞蹈

有人说拌面和汤面没什么区别，只不过拌面去掉汤汁，加入了酱料。但正是酱料才让拌面变得与众不同。做拌面，酱料最为关键。我最为推崇的拌面是炸酱面，那口感丰富、香味浓郁的味道让人爱不释口。

说起炸酱面，就不能不提老北京炸酱面，炸酱面之于北京人，正如羊肉泡馍之于西安人。据说，炸酱面的历史也是从北京开始的，是北京独有的美食之一。关于炸酱面在北京的流行程度据说有这样一首顺口溜："青豆嘴儿、香椿芽儿，焯韭菜切成段儿；芹菜末儿、莴笋片儿，狗牙蒜要掰两瓣儿；豆芽菜，去掉根儿，顶花带刺儿的黄瓜要切细丝儿；心里美，切几批儿，焯江豆剁碎丁儿，小水萝卜带绿缨儿；辣椒麻油淋一点儿，芥末泼到辣鼻眼儿。炸酱面虽只一小碗，七碟八碗是面码儿。"通过这首描写具体生动的顺口溜可以看出老北京人对炸酱面的热爱。炸酱面不仅是普通百姓爱吃，还被许多文人墨客写进书里，也成了他们美好的回忆。鲁迅先生曾经在北京生活14年，对北京的美食可谓熟悉，因此他在小说《奔月》中曾描述故事主人公嫦娥因不愿吃乌鸦的炸酱面而飞向月亮，据说这段小故事就投射出鲁迅先生对北京炸酱面的一种理解和想念。

还有一种拌面不得不提，那就是四川担担面。到了成都，担担面真的是你不可不品尝的美食。据说，担担面出现于清朝末年，是自贡地区一位走街串巷的小贩制作而成，因早期都是用宽扁担挑着筐在街巷中叫卖，所以被称为担担面。当时的担担面制作简单，扁担一头是煤炉炖锅煮面，一头是碗筷、调料，小贩走街串巷吆喝着，要是有谁想要，就停下来盛一碗，吃完后接着走，那晃晃悠悠的扁担就是这样承载着美食，伴着浓郁的川音，满足着人们的胃口。如今，已经极少有商贩再挑着扁担来卖担担面了。担担面不仅走进了普普通通的小饭馆，也进入了高端大气的餐厅酒店，甚至还出了国，成了成都的美食品牌。

各地的拌面都独具其特色，有着属于自己的风味。在福建，最有名气的拌面就是沙县拌面了。沙县拌面在沙县扁肉的搭配下，香味浓郁，色泽新鲜，口感油而不腻，醇厚咸甜，让人难忘。如今，沙县拌面也随着沙县小吃走向全国，成为福建美食的代表；在广东，拌面又称为捞面，把煮好的面从沸水中捞出，佐以辅料，其中大多以蚝油为酱料；而在新疆，拌面被称为"拉条子"，是当地人们经常食用的面食之一，那浑厚饱满的口感尝起来别有一番风味。

相比较汤面考验做汤的技术，炒面考验火候的掌控，拌面更多的是考验烹饪者做酱料的水平。对于我来说，一般做酱料时总是要找齐所需要的食材、调料，认认真真、全心全意地去洗切、去煎炒。因为我知道，只有凭着认真的态度，才能做出一份符合家人口味的拌面。

清爽劲道：
鸡丝拌面

　　并不是每一道美食的制作都是简简单单、随心所欲烹饪而成的，鸡丝拌面也不例外。鸡丝拌面虽然看似制作简单，但是想要制作出可口的美味却是要花费一番功夫的。在制作前准备好所需的食材调料，当然还不能缺少一种烹饪美食时的愉悦心情。将各种调料搅拌蒸煮入味，然后有条不紊地将煮好的面条混合调料、配料一起搅拌，一碗可口的鸡丝拌面就做好了。

材料 Ingredient		调料 Seasoning	
蔬菜面	100 克	米酒	20 毫升
鸡胸肉	150 克	鸡油	12 毫升
胡萝卜丝	适量	酱油膏	8 克
红葱酥	适量	白糖	5 克
葱花	适量	盐	3 克
八角	1 粒		
姜	1 片		
高汤	350 毫升		

做法 Recipe

① 材料中的高汤加八角、姜、米酒、白糖、盐一起煮至沸腾，放入洗净的鸡胸肉煮 10~12 分钟至熟，捞出鸡胸肉浸泡冷开水至凉，再剥成丝状。

② 然后把蔬菜面放入沸水中煮软，捞出沥干放入碗内，加入剩余调料拌匀。把胡萝卜丝、红葱酥及葱花放入沸水中过一遍，捞出。

③ 最后在面碗中加入鸡胸肉丝、烫过的胡萝卜丝、红葱酥及葱花即可。

巴适得很：

四川担担面

四川担担面，"中国十大名面条"之一，是四川地区极具特色的小吃。四川担担面是自贡地区一位摊贩于清朝末年创制而成，因在扁担上沿街叫卖，故得名担担面。担担面制作简单，因炒制担担酱时用红油较多，而使该面具有味道麻辣酸爽，口味醇厚浓郁的特点。

材料 Ingredient

细阳春面	100 克
猪肉末	120 克
葱末	15 克
红葱末	10 克
蒜末	5 克
花椒粉	少许
干辣椒末	少许
葱花	少许
熟白芝麻	少许
食用油	适量
水	100 毫升

调料 Seasoning

红油	1 大匙
芝麻酱	1 小匙
蚝油	1/2 大匙
酱油	1/3 大匙
盐	少许
白糖	1/4 小匙

做法 Recipe

1. 取一干净的炒锅，置火上加热，注入食用油，将红葱末、蒜末放入爆香，然后加入猪肉末炒散，续放入葱末、花椒粉、干辣椒末炒香。

2. 再放入所有的调料和水炒匀，并炒至微干，这样担担酱就做好了。

3. 另起锅，加适量水和少量食用油煮开，放入细阳春面煮约 1 分钟后，捞起沥干放入碗内备用。

4. 将适量担担酱淋在面上，最后撒上葱花与熟白芝麻，一碗正宗的四川担担面就做好了。

浓而不腻：
京酱肉丝拌面

　　京酱肉丝香如其名，有着浓郁的酱香，口感适中，采用北方特有的"酱爆"烹调技法所做，有独特的风味。现在把京酱肉丝与拌面相搭配，既不失京酱肉丝醇厚的酱香味，而小黄瓜的加入又增添了一些清爽，浓而不腻，让人食欲大增。

材料 Ingredient

面条	150 克
猪肉丝	80 克
小黄瓜	30 克
姜末	5 克
蒜末	5 克
葱花	5 克
食用油	适量
淀粉	1/4 小匙
水	50 毫升

调料 Seasoning

甜面酱	1.5 大匙
白糖	1 小匙
米酒	少许

做法 Recipe

❶ 把猪肉丝洗净后，加入淀粉抓匀；小黄瓜洗净，切成细丝。

❷ 将锅洗净，待锅烧热后倒入适量的食用油，放入姜末、蒜末和抓匀的猪肉丝，以中火略炒。

❸ 再放入甜面酱略炒，然后加入水、白糖、米酒炒约2 分钟后，即为酱汁。

❹ 在汤锅倒入适量水煮沸，放入面条以小火煮至熟软，捞起沥干后放入碗中，把熬制好的酱汁淋在面上，再撒上葱花、小黄瓜丝拌匀即可。

小贴士 Tips

➕ 想要甜面酱的味道更加香醇，可以添加一些香油和白糖，然后蒸几分钟。要是感觉麻烦，也可以不蒸，直接把二者混合搅拌后放置即可。

➕ 因为甜面酱的味道中含有咸味，所以盐的添加要适量，可以先放少许，不够时再加。

食材特点 Characteristics

小黄瓜：夏季经常食用的蔬菜之一，味道清脆甘甜，含有丰富的维生素，具有清热解毒、利水的功效。

甜面酱：又称甜酱，是以面粉为原料加工制作而成的调味酱料，味道咸甜，口感多样，富有层次，主要应用于酱爆或酱烧菜。

炸酱熏得人陶醉:

传统炸酱面

炸酱面最初源于北京，是汉族的特色面食，在风靡中外之后更是被誉为"中国十大面条"之一，主要由菜码和炸酱拌面条而成。青青的毛豆搭配爽脆的胡萝卜丁和细碎的肉丁，拌着酱香四溢的甜面酱和豆瓣酱，浓香醇厚的味道，让人无法拒绝，怎么吃都不会腻。

材料 Ingredient		调料 Seasoning	
拉面	150 克	豆瓣酱	2 小匙
五花肉	150 克	甜面酱	1 小匙
毛豆	20 克	白糖	1 小匙
胡萝卜丁	20 克	盐	1/2 小匙
葱段	15 克		
红葱头末	10 克		
豆腐干丁	10 克		
食用油	适量		
水	适量		
水淀粉	1/4 小匙		

做法 Recipe

1. 五花肉洗净，入沸水煮约 10 分钟，捞出切丁。

2. 汤锅放入 3000 毫升水煮沸，加入盐及拉面煮开，加入少许水，15 秒后再加入少许水，第三次水开后即可熄火，将拉面捞起拌开盛碗。

3. 毛豆放入沸水中烫 10~15 秒后，捞起过凉水。

4. 热锅加入食用油，将红葱头末炒至金黄色，放入五花肉丁炒至出油，再放入葱段、毛豆、胡萝卜丁及豆腐干丁炒约 3 分钟；加入豆瓣酱及甜面酱炒至所有材料均匀上色，再加入 200 毫升水和白糖翻炒约 10 分钟，淋上水淀粉勾芡略炒，即为炸酱料。

5. 将炸酱料淋在煮熟的拉面上即可。

最佳拍档：

榨菜肉丝干面

榨菜简直就是一道万能的配菜，不管是喝粥还是吃面，都可以用榨菜配着吃。榨菜肉丝干面就是很不错的美味，酸爽的榨菜搭配劲滑的面条，味道定会超乎你的想象，些许花生粉的加入，又为榨菜肉丝干面增添了醇香的味道，快来试一试这道美味的榨菜肉丝干面吧！

材料 Ingredient		**调料** Seasoning	
粗阳春面	100 克	生抽	1/2 小匙
猪瘦肉	100 克	盐	少许
榨菜	100 克	白糖	少许
红辣椒末	10 克	胡椒粉	少许
葱末	10 克	鸡精	少许
蒜末	5 克		
花生粉	适量		
食用油	适量		
水	100 毫升		

做法 Recipe

❶ 猪瘦肉洗净切丝；榨菜洗净切丝，备用。

❷ 热锅入食用油，爆香蒜末、红辣椒末，放入猪瘦肉丝，炒至肉变色，续放入葱末、榨菜丝略拌炒；放入所有调料和水炒至微干入味，即为榨菜肉丝料。

❸ 粗阳春面放入沸水锅中拌散，煮约 2 分钟后捞起沥干，盛入碗中，加入适量榨菜肉丝料，并撒上少许花生粉增味即可。

麻辣酱香吃不够：
辣味麻酱面

我喜欢芝麻酱，继而喜欢上了和芝麻酱有关的美食，尤其是辣味麻酱面。芝麻酱中添入少许的辣油和绿豆芽，使酱香中带着微辣，醇香中透着爽脆，吃着别有一番滋味。究竟是什么时候开始喜欢上它的，我也说不清楚，大概就是突然有一天知道了有这样一种面，自己尝试做了出来，从此便一发不可收拾。

材料 Ingredient

阳春面	150 克
红辣椒粉	30 克
绿豆芽	30 克
蒜末	20 克
韭菜段	20 克
花椒	10 克
食用油	适量
水	10 毫升

调料 Seasoning

A:

芝麻酱汁	1 大匙
蚝油	1 小匙
麻辣油	1 小匙
盐	1/4 小匙
白糖	1/4 小匙
面汤	100 毫升
鸡精粉	少许

B:

盐	1/2 小匙

做法 Recipe

❶ 将花椒泡水约 10 分钟，沥干备用；红辣椒粉加 10 毫升水拌匀备用。

❷ 锅烧热加入食用油，以小火将泡过水的花椒炸约 2 分半钟捞起。

❸ 再把蒜末放入锅内炒至金黄色，将食用油及蒜末盛出，倒入装有红辣椒粉的碗中拌匀，把调料 A 中的调料加入碗中拌匀，即成麻辣芝麻酱。

❹ 在汤锅放入适量的水烧开，加入盐、阳春面煮约 2 分钟后，捞起摊开放在碗中，再放入韭菜段及绿豆芽略烫 10 秒钟后捞起。

❺ 取适量麻辣芝麻酱加入阳春面内拌匀，再铺上烫过的韭菜段及绿豆芽，一碗辣味麻酱面就完成了。

小贴士 Tips

➕ 这道拌面含有辣味的调料较多，若是口味较轻的，可以适当减少调料的量。

食材特点 Characteristics

花椒：一种家庭常用的调料，可用于除各种肉类的腥气，有促进唾液分泌、增加食欲的功效。

鸡精：在以鸡肉、鸡骨、鸡蛋为原料的基础上加入化学调料制成，含有来自鸡肉的自然鲜香，是家庭常备的调味品，适用添加于各种菜肴、汤羹、面食中。

可口的美味：
碎脯豆豉拌面

　　碎脯豆豉拌面是一道家常的拌面，制作这道美食时关键是掌握好碎菜脯和豆豉的咸度，不然咸度过高就会掩盖其他食材的味道。然后其他的制作程序就比较简单，按照我们家常做面的方法煮面和拌炒，最后将制作好的面和酱料相互搅拌就完成了一份可口的碎脯豆豉拌面。盘卧的白色面条上点缀着粒粒豆豉和翠绿的碎菜脯，色泽很是好看。

材料 Ingredient

面条	200 克
碎菜脯	50 克
豆豉	10 克
蒜末	15 克
食用油	适量
香芹叶	适量

调料 Seasoning

| 白糖 | 1/2 小匙 |

做法 Recipe

1 因为碎菜脯和豆豉含有大量的盐分，在使用前用水浸泡一段时间去除咸味，然后分别洗净，沥干备用。

2 炒锅置火上加热，倒入食用油，放入蒜末炒至呈金黄色。

3 将处理过的豆豉放入锅中炒约 2 分钟，再放入泡过水的碎菜脯炒约 5 分钟，加入白糖拌匀即为酱料。

4 汤锅倒入适量水煮沸，放入面条煮至熟软，捞起沥干放入碗中，放入酱料拌匀后，以香芹叶装饰即可。

香喷喷的臊子：

肉臊面

作为百搭酱品，肉臊酱食用广泛，它浓郁醇香的味道层次递进，深受大家欢迎。一份好的肉臊酱源于食材之间的调和与搭配，酱料中各种配料互相融合渗透，不分你我，淋入的米酒经过高温蒸腾，清甜的香味逐渐释放出来，溢满整个厨房，再搭配筋韧精细的油面，显得分外可口，让人忘不掉这种味道。

材料 Ingredient

油面	100 克
猪肉末	200 克
红葱头	15 克
米酒	10 毫升
香油	5 毫升
葱花	适量
食用油	适量

卤料 Halogen material

冰糖	6 克
酱油膏	5 克
蒜	5 克
姜片	5 克
盐	2 克
五香粉	1 克
肉桂粉	1 克
甘草粉	1 克
高汤	150 毫升
酱油	3 毫升
陈醋	3 毫升

做法 Recipe

❶ 炒锅置于火上加热，放入食用油，爆香提前洗净切碎的红葱头，再放入猪肉末炒散。

❷ 在炒锅中加入所有卤料，小火将猪肉末卤至入味，再倒入米酒与香油，轻炒拌匀后即是肉臊。

❸ 另起锅加水烧沸，将油面放入沸水中烫熟，捞起沥干后放入碗中，把适量肉臊和切碎的葱花放在面上即可。

精致小餐：

番茄鲜虾面

有段时间，我非常钟情鲜虾面，其色香味俱全，味道鲜滑爽嫩，很容易让人百吃不爽。后来专门去买了一本菜谱学做鲜虾面，期间尝试着在鲜虾面中放入我喜欢的番茄酱，酸酸甜甜的味道很容易相融，嫩绿的香菜和红艳艳的酱汁让原本单调的鲜虾面一下子变得丰富多彩，给了味蕾一个大大的惊喜。

材料 Ingredient

细面	100 克
新鲜虾仁	80 克
食用油	适量
香菜	少许

调料 Seasoning

番茄莎莎酱	3 大匙
盐	少许

做法 Recipe

1. 煮开一锅水，加少许盐，放入细面，用筷子搅开，煮 3~4 分钟至全熟，捞起沥干。
2. 将沥干的细面摊开在大盘上，加入适量食用油拌匀，放凉备用。
3. 新鲜虾仁洗净，放入沸水中余烫至熟，捞起泡凉开水备用。
4. 将拌好的细面卷起放入盘中，再淋上番茄莎莎酱，最后摆上熟虾仁和香菜即可。

小贴士 Tips

- 挑虾线有一个很好的方法，就是在尾巴的第二个接头处，用竹签或是针小心挑出来即可。
- 如果有时间，番茄莎莎酱可以用番茄熬制的汤汁来代替，这样酸味更浓，更加营养美味。

食材特点 Characteristics

虾仁：把虾头、虾尾和虾壳去掉后剩下的就是虾仁，虾仁口感清淡、脆嫩，易于消化，营养丰富，老少都可食用。

番茄莎莎酱：一种混合调味料，以法棍、番茄为主要调料，伴以香菜、洋葱、蒜、橄榄油等制作而成，充满异国风味。

好吃不怪:

怪味鸡丝拌面

　　想要吃上一份美味的怪味鸡丝拌面，一定要掌握好各个食材的分量，例如醋的酸、辣椒油的辣、米酒的香甜、姜葱蒜的辛香，还有辣椒油的辛辣，要不然真的成怪味了。用这样的调味料来做拌面，虽然味道浑厚，层次丰富，就是不知道是否吃的习惯。不过也可以根据自己的口味调整，找到一种自己喜欢的比例搭配。

材料 Ingredient

面条	100 克
鸡腿	1 个
姜片	2 片
高汤	50 毫升
米酒	15 毫升
葱丝	适量
红辣椒丝	适量

酱料 Sauce

白糖	10 克
芝麻酱	10 克
葱末	5 克
姜末	5 克
蒜泥	5 克
花椒粉	3 克
蚝油	5 毫升
醋	3 毫升
辣椒油	3 毫升
香油	3 毫升

做法 Recipe

❶ 将洗净的鸡腿、姜片和米酒放入高汤中，煮至鸡腿熟透后取出，泡入冷水待凉后剥丝备用。

❷ 将各种酱料混合拌匀备用。

❸ 面条放入沸水中煮软，捞出沥干放入碗内，在上面放上鸡丝，再淋上拌匀的怪味酱，最后撒上葱丝、辣椒丝即可。

小贴士 Tips

✚ 配菜可以根据自己的喜好提前准备就好，比如加入金针菇、黄瓜丝等都可。

食材特点 Characteristics

米酒：又叫酒酿，甜酒，口味香甜醇美。烹饪时放入，有利于咸甜各味充分渗入菜肴中，也可除去其他食材带来的气味。

芝麻酱：把芝麻炒熟、磨碎而制成的酱，有白芝麻酱和黑芝麻酱之分，是一种重要的调料，应用很广。

素食主义者的最爱：

素炸酱面

炸酱面是北方著名的招牌面食，深受老百姓喜爱，那浓郁的酱香味道闻一闻就让人胃口大开。不过对于素食主义者来说想吃正宗的炸酱面可能不行，因为里面含有肉末，所以想吃素炸酱面最好自己动手制作了，而且过程简单，这样想吃什么味道的都可以。下面我给大家带来一道改良版的素炸酱面，纯素的喔！

材料 Ingredient		调料 Seasoning	
细面	150 克	豆瓣酱	2 小匙
胡萝卜丁	50 克	甜面酱	1 小匙
冬笋丁	50 克	白糖	1 小匙
豆腐干丁	30 克	盐	1 小匙
香菇丁	20 克		
小黄瓜丁	20 克		
青豆	20 克		
绿豆芽	20 克		
玉米粒	20 克		
蒜末	30 克		
食用油	20 毫升		
水淀粉	1/2 小匙		

做法 Recipe

❶ 将冬笋丁、胡萝卜丁、青豆及绿豆芽放入沸水中汆烫 1~2 分钟后，捞起备用。

❷ 锅中加食用油烧热，爆香蒜末、豆瓣酱及甜面酱，加入香菇丁、豆腐干丁、胡萝卜丁、冬笋丁、青豆、玉米粒略炒，加少许水、白糖、盐煮匀，以水淀粉勾芡即为素炸酱。

❸ 将细面放入沸水锅中煮熟后捞出，放上素炸酱、小黄瓜丁、绿豆芽即可。

鱼香拌面

鱼香拌面里面其实并没有鱼肉，关于鱼香还有个小故事，相传四川一户人家喜欢吃鱼，所以在烧鱼时用料特别讲究。有一天，女主人为了不浪费配料，把烧鱼剩下的配料放入了炒菜中，丈夫尝过之后对这道菜赞叹不已，于是便有了鱼香的炒法。

材料 Ingredient

面条	150 克
猪绞肉	80 克
姜末	10 克
蒜末	10 克
葱花	10 克
水	30 毫升
色拉油	20 毫升

调料 Seasoning

酒	1/2 小匙
辣豆瓣酱	1 小匙
酱油	1/2 小匙
乌醋	1/2 小匙
白糖	1 大匙

做法 Recipe

1. 锅中放入色拉油烧热，先放入姜末、蒜末以小火炒黄，再放入猪绞肉炒至肉色变白，加入辣豆瓣酱略炒，加水及剩余调料煮至汤汁收干即为酱料。

2. 取一汤锅，倒入适量的水煮至沸，将面条放入后转小火，煮约 3 分钟至面熟软后，捞起沥干放入碗中备用。

3. 将做好的酱料倒入面碗中，加上葱花拌匀即可。

西北风味：
新疆牛肉面

在我的印象中，地处西北的新疆美食一定会像西北的风情一样充满着粗粝的质感，就如这份新疆牛肉面，那宽宽的面条、大块的牛肉都是当地特色的风情。一碗上好的新疆牛肉面，丰富的调料蕴藏着香浓的味道，伴着大块的牛肉吃起来格外的美味。一份美食之所以能成为美食，就一定代表着当地的生活风情，品尝美食也是领略风情的一种方式。

材料 Ingredient

牛肋条	300 克
宽面	200 克
洋葱片	80 克
牛骨高汤	100 毫升
番茄	1 个
红辣椒	1/2 个
蒜苗片	1 茶匙
香辣牛油	1 茶匙
啤酒	1 罐
香菜	适量
食用油	适量

调料 Seasoning

蚝油	1 大匙
盐	1/4 茶匙
白糖	1 茶匙

做法 Recipe

❶ 先将牛肋条放入滚水中汆烫去血水，再捞起沥干切小块。

❷ 把各种材料洗净，切成大小合适的块，备用。

❸ 锅中放入适量食用油烧热，放入洋葱片炒香，再放入番茄块、红辣椒块、牛肋块炒约 3 分钟，加入啤酒、牛骨高汤和调料煮至材料变软。

❹ 将宽面放入滚水中煮熟，期间以筷子略为搅动数下，捞起沥干，与做法 3 中的材料、香辣牛油混合拌匀，撒上蒜苗片和香菜即可。

小贴士 Tips

➕ 若你喜欢吃很宽的面，可以买来拉面自己在家动手拉，想要多宽就拉多宽。

➕ 新疆牛肉面的汤汁味道较重，若是喜欢清淡的口味的，可以少加一些食材调料。

食材特点 Characteristics

啤酒：经常应用在烹饪当中，在烧制牛肉过程中，加入啤酒可以很好地分解牛肉中的蛋白质，这样做出的牛肉就会很嫩了。

牛肋条：这道美食的主要食材，也是肉肥筋多的部分，需要长时间的熬炖。口味醇厚，很符合当地的美食口味。

闽式经典:
福州拌面

闽菜素有"福州菜飘香四海,食文化千古流传"的美称,福州拌面正是地道的闽菜经典小吃。福州拌面做法其实并不复杂,韧糯滑爽的阳春面搭配福建地区特制的乌醋和些许辣油,清爽之外更多了一份酸辣的味道。如果你还在为吃什么面犯愁,那么就试一试福州拌面吧,定会给你带来不一样的美食享受。

材料 Ingredient

阳春面	100 克
葱花	8 克
食用油	1 大匙

调料 Seasoning

盐	1/6 小匙

做法 Recipe

1. 将食用油烧热,倒入碗内,备用。
2. 将盐与食用油一起拌匀,备用。
3. 将阳春面放入滚水中,用筷子搅动使面条散开,小火煮 1~2 分钟后捞起,将水分稍微沥干,备用。
4. 将煮好的阳春面装入油盐混匀的碗中,加入葱花,由下而上将面与调料一起拌匀即可,亦可依口味喜好另加入乌醋、辣油或辣椒碴拌食。

小贴士 Tips

+ 想要面条更加油润光滑,口感更香浓,可以在碗中提前添加食用油。

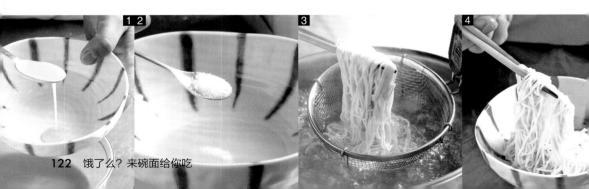

最佳尝试：

蚝油捞面

　　蚝油捞面对于喜欢吃蚝油的人来说绝对算是一道佳肴美味。那香味独特的蚝油让这道本就清香的捞面风味更加醇香无比。蚝油捞面看起来简单，实际上做起来也是很快捷，将鸡蛋面稍微在滚水中过一下，撒上些许的绿豆芽，拌上蚝油，一份好吃的面就做好了。蚝油的鲜香，绿豆芽的爽脆，让这道简单的面变得极具内涵。

材料 Ingredient

鸡蛋面	100 克
绿豆芽	30 克

调料 Seasoning

红葱油	1 小匙
蚝油	1 大匙

做法 Recipe

1. 在锅中加入适量清水烧沸，放入鸡蛋面用小火慢煮约 1 分钟，其间用筷子不间断搅动面条，面煮好后捞起沥干。

2. 将煮好的面条浸在冷水中摇晃数下，去除表面黏糊的淀粉。

3. 然后将过好冷水的面放入锅中慢煮，约 1 分半钟后捞起，稍沥干后放入碗中，加入红葱油拌匀。

4. 用沸水将绿豆芽略烫一下，捞起沥干后置于面上，再将蚝油淋在面上，搅拌均匀即可。

小贴士 Tips

+ 为了避免拌面时太干，可以提前添加一些汤汁润滑。
+ 面在第一次煮好后一定要过冷水，这样在第二次煮的时候才不会变散、变糊。
+ 若是喜欢肉食，可以添加一些熟牛肉或是火腿。

食材特点 Characteristics

绿豆芽：在这道拌面中是点缀的作用，可以换成其他的蔬菜，如黄瓜丝、小白菜、上海青等。

鸡蛋面：主要由鸡蛋和面粉的混合制作而成，面条柔软，有清香味，煮熟后柔韧适中，清淡可口，是常食用的面食之一。

不一样的大杂烩：
什锦素炸酱面

对于素食主义者来说，什锦素炸酱面绝对是一道不容错过的经典面食。各种常见的蔬菜经过简单的炒制，拌着煮好的细面，一款色香味俱全的营养美食就上桌了。什锦素炸酱面食材来源广泛，完全可以选用冰箱里的剩余素食材，一些蔬菜可以洗净后直接摆盘，不用炒制。这种操作简单的营养快餐，对于懒人来说也是一个不错的选择。

材料 Ingredient

细面	200 克
西蓝花	100 克
胡萝卜	30 克
小黄瓜	30 克
芦笋	20 克
豆腐干	20 克
姜蓉	10 克
水	30 毫升
食用油	适量

调料 Seasoning

甜面酱	1 小匙
豆瓣酱	1 大匙
白糖	1 小匙

做法 Recipe

❶ 将西蓝花洗净，放入沸水中余烫 1 分钟，然后摆盘。

❷ 分别将胡萝卜、芦笋、小黄瓜、豆腐干洗净，切成丁状。

❸ 锅洗净后，置于火上加热，倒入食用油烧热，放入姜蓉、甜面酱、豆瓣酱以小火略炒，再放入胡萝卜丁、芦笋丁、小黄瓜丁、豆腐干丁略炒，然后加入 30 毫升水、白糖，以小火煮约 3 分钟，就做成了什锦素炸酱。

❹ 将细面放入沸水中煮熟，捞起沥干后放入摆有西蓝花的盘中，再将什锦素炸酱直接淋在面上即可。

小贴士 Tips

➕ 面食中用到的蔬菜种类较多，可以根据手边现有的食材来选择。

➕ 由于面是以轻素为主，所以在炒制时注意火候，一般炒至四五分熟即可。

食材特点 Characteristics

西蓝花：经常应用于西餐中当配菜，营养丰富，营养成分位居同类蔬菜之首，被誉为"蔬菜皇冠"。

豆腐干：是传统豆制品之一，质地柔韧适中，口感咸香，保存时间长，营养丰富，被誉为"素火腿"。

调味之王的魅力：
孜然牛肉拌面

孜然牛肉拌面中，很难说孜然和牛肉哪一个是主角，如果一定要分清楚、弄明白，那就各占一半吧！孜然浓烈芳香，与任何食材搭配，味道都会变得格外诱人，简直就是"调味品之王"。牛肉的滋味鲜美劲道与孜然彼此相互融合，堪称完美。

材料 Ingredient

细阳春面	200 克
牛腱心	100 克
洋葱末	30 克
牛骨高汤	200 毫升
孜然粉	1 茶匙
辣椒粉	1/2 茶匙
芹菜末	1 茶匙
香菜	适量
小白菜	适量
食用油	适量

调料 Seasoning

蚝油	1 大匙
盐	1/4 茶匙
白糖	1/2 茶匙

做法 Recipe

❶ 先烧一锅热水，将牛腱心放入滚水中煮半个小时，再捞起切片。

❷ 锅中放入适量食用油烧热，放入洋葱末炒香，再放入牛腱心片炒约 3 分钟，再加入牛骨高汤、调料拌匀，将牛腱心片煮软。

❸ 将细阳春面放入滚水中煮熟，期间以筷子略为搅动数下，即捞起沥干、放入盘内；小白菜洗净切段，放入滚水中烫熟，备用。

❹ 牛腱心汤中加入孜然粉、辣椒粉和煮熟的细阳春面拌匀，再摆上小白菜、芹菜末、香菜即可。

小贴士 Tips

➕ 享用这道美食之前，你要确定自己对孜然是否过敏，虽然美味也要注意身体的健康啊。

➕ 牛腱心的肉质硬度较高，在处理时一定先用沸水小煮一下。

食材特点 Characteristics

孜然：被誉为"调味品之王"，适宜肉类烹调，也可以作为香料使用。药用、食用价值都很高，可用于治疗消化不良和胃寒腹痛等症。

芹菜：一种家庭常食用的蔬菜，营养丰富，具有平肝清热、祛风利湿、降低血压、健脑镇静的功效。

美味实惠：
椒麻牛肉拌面

椒麻牛肉拌面具有口味香浓、麻辣爽口的特点，让人食之难忘。油炸后的辣椒和花椒，配着高汤骨料煎炒着牛肋条，肉香、辣香四溢。周身裹满汁料的阳春面加上麻辣的牛肉，一口面条下肚，满口的麻辣味道，再来上一块香醇的牛肉，比普通的阳春面好吃多了。

材料 Ingredient

牛肋条	300 克
细阳春面	200 克
洋葱片	80 克
牛骨高汤	300 毫升
干辣椒	3 个
花椒	1/2 茶匙
蒜苗片	1 茶匙
色拉油	2 大匙

调料 Seasoning

蚝油	1 大匙
盐	1/4 茶匙
醋	2 茶匙

做法 Recipe

❶ 热锅，倒入 2 大匙色拉油，将干辣椒和花椒以小火炸至呈棕红色后，捞出沥油，再切成细末。

❷ 将牛肋条放入滚水中余烫去血水，捞起沥干切小块；另热锅，加入适量色拉油，放入干辣椒和花椒末、洋葱片和牛肋条块炒至熟。

❸ 在翻炒约 3 分钟后加入牛骨高汤煮软。

❹ 在锅中加入盐调味；另起一锅加水烧滚，将细阳春面放入滚水中煮熟，捞起沥干、放入碗内。

❺ 最后在锅内加入剩下的调料；煮好后倒入面上，再撒上蒜苗片即可。

小贴士 Tips

✚ 一碗面的味道最好是均衡的，所以这道面最好辣和麻适中，注意分量。

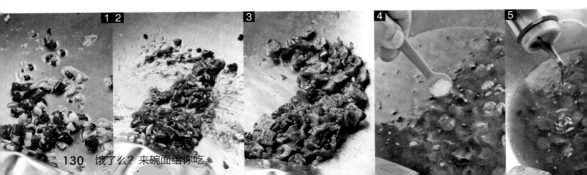

家常美味：
金黄洋葱拌面

第一次听说金黄洋葱拌面这个名字时，原以为食材调料会很多，而且会有大量的油炸过程。谁知当面端上来时，仅仅有洋葱和鸡胸肉两种辅助的食材。脆嫩的洋葱炒得金黄金黄，咬起来脆脆的，和着糯软的面条，吃起来非常有口感。洋葱、鸡胸肉和面条，三者皆是日常可见且容易找到的食材，就算是这样一碗常见食材做的面条，也有它特殊的魅力。

材料 Ingredient

面条	200 克
鸡胸肉	50 克
洋葱	50 克
食用油	适量

调料 Seasoning

蚝油	1 小匙
盐	少许

做法 Recipe

❶ 将鸡胸肉、洋葱分别洗净切末，备用。

❷ 热锅，倒入食用油烧热，先放入洋葱末，以小火慢炒至呈金黄色，再放入鸡胸肉末，炒至肉色变白，加入蚝油及盐略炒约 2 分钟即为酱料。

❸ 取一汤锅，倒入适量水煮沸，放入面条以小火煮约 3 分钟至面熟软后，捞起沥干放入碗中。

❹ 将酱料倒入面碗中，拌匀即可食用。

小贴士 Tips

➕ 洋葱含水量高，脆嫩，在油炸炒制中注意油温，防止炒焦了。

➕ 要是不喜欢蚝油，也可以用其他的酱料来代替，做美食不就是做自己喜欢吃的吗，所以不必生搬硬套，灵活调整就好。

食材特点 Characteristics

洋葱：我国主栽蔬菜之一，味道鲜美，营养丰富，有降低血压、缓解压力、抗衰老等功效，是适合中老年人的保健蔬菜。

鸡胸肉：经常食用的鸡肉部位，含有丰富的蛋白质，对儿童的生长发育有一定的作用，是重要的肉类食材。

自然精华：
和味萝卜泥面

白白嫩嫩的萝卜中蕴藏了大自然的精华，不但口感甜美、香脆细滑，而且有丰富的营养价值。古有谚语"喝了萝卜汤，全家不遭殃"，所以多吃一些萝卜是很有好处的。和味萝卜泥面名字虽然怪异，但真正品尝过之后就会发现，这一道关于萝卜的面条可以让你在无形之中感受美味，低调而不张扬。

材料 Ingredient

细面	150 克
白萝卜	150 克
姜泥	30 克
柴鱼片	5 克
熟白芝麻	3 克
海苔	1 张

调料 Seasoning

酱油	1 小匙
白糖	1 小匙
白醋	1/2 小匙
盐	1/4 小匙

做法 Recipe

❶ 将白萝卜洗净去皮，用磨泥器磨成泥状；海苔用手撕成条备用。

❷ 白萝卜泥加入所有调料及姜泥拌匀备用。

❸ 再放入熟白芝麻、柴鱼片拌匀，即为和味萝卜泥。

❹ 将细面放入沸水中煮熟，捞出沥干，直接将和味萝卜泥淋在熟面上，再放上海苔条即可。

小贴士 Tips

➕ 各种食材打碎混合调成泥状，不宜过稠或过稀，以免影响美观和口味。

➕ 面可以选择熟面，这样方便快捷，食用的时候直接淋在上面即可。

食材特点 Characteristics

柴鱼片：鲣鱼干制成的薄片，形似柴鱼故取名柴鱼片。多用于日式料理中，味道鲜美可口，更够增添饭菜的味道。

海苔：紫菜烤熟后经过调味处理的美味，浓缩了紫菜中的各种 B 族维生素，还含有丰富的微量元素，营养非常丰富，一般可做汤或是菜卷。

凉面
冰爽滋味

一到夏天，很多人就会出现食欲不振、没有胃口的现象，不管是美味大餐还是可口小菜，都让人提不起开口的兴致。但是，"人是铁，饭是钢，一顿不吃饿得慌"，怎么办？古人早已为我们解决了这道难题，那就是——凉面。一份凉面，不仅简单可口，而且还不需要花费过多的功夫。在炎热的夏季来上一份口味清爽的凉面，可谓降暑裹腹两不误。

夏日的最佳选择

对于凉面，我很少吃，也很少做，不仅仅是因为只有在天气炎热的时候才有兴趣去品尝，也因为胃不好，不喜欢吃凉食。第一次吃的凉面是一份凉皮，天气很热，没有什么食欲，就在朋友的带领下到楼下饭馆里要了份凉皮，一勺蒜蓉，一小把黄瓜丝拌着冰凉洁白的米皮，就是炎炎夏日一顿可口的美食了。

凉面又称"过水面"，古称为"冷淘"，最早出现在唐朝时期。关于凉面的出现还有个历史小故事。流传最广的故事还是和我国的唯一女皇帝武则天有关。相传，武则天在被选进皇宫之前有一个玩得很好的伙伴，每日游山玩水、学诗作画，很是惬意。在家不远处的小河是他们经常去的地方，旁边还有一个做面的小摊，每次游山玩水之后都会到面摊处要两份面吃，一来二去也就和摊主熟悉了，于是就经常一起询问摊主关于面的做法。夏季炎热的一天，刚爬完山回来的二人饥热难耐，就向摊主询问是否有冰爽的凉面。待二人吃过之后，摊主夫妻经过一番实践，终于用米浆磨制成一种绵软柔韧，清爽可口的凉面。于是就把这种面称为"夫妻米凉面"，也逐渐演变成家喻户晓的美食。

虽然这个小故事不知真假，但是凉面的美味还是被众人所赞誉的。就连诗圣杜甫都为它写诗："青青高槐叶，采掇付中厨。……经齿冷于雪，劝人投此珠……"从诗中可以看出当时诗圣品尝凉面的类型是用槐树叶和面调和而成的色彩新绿的凉面，这种新颖的吃法也可见当时凉面的类型多样，做法丰富，深受人们的喜爱。清朝乾隆时期的潘荣陛在其书《帝京岁时纪胜·夏至》中写到，"京师于是日家家俱食冷淘面"，当时凉面的受欢迎程度由此可见一斑。

凉面不仅在中国有，国外也有。目前在我国较受欢迎的凉面莫过于韩国和日本的了，同根同源，口味相似，易于接受。韩国的凉面在我国很受欢迎，大街小巷甚至家庭的餐桌上都能见到它的身影。日式的凉面较为特殊的是其所用的酱料带有浓厚的海鲜味道。鲜香清新的酱料淋在精致的凉面上，口感清凉，味道清爽，可以说是凉面中的佼佼者。既然说到美食，意大利是一个不可避开的地方，意大利面也因其口味众多，成为享誉世界的美食之一。

当天气炎热的时候，人们的味蕾似乎也承受不住暑气，无精打采的。此时一碗冰爽的凉面却有着刺激食欲的魔力，不需要各式复杂的食材，不需要繁冗的烹饪流程，也不需要挥汗如雨的翻炒，只需简单的翻烫调和，那些单调的食材就变得灵动起来，充满着吸引的魅力，等待着品尝。

对于我而言，在炎热的夏季，忙碌之余为家人做上一份简简单单的凉面，也是一种放松心情的方式。对于厨房，它不应该是生活之中的累赘，而是享受生活、放松身心的地方。

夏日独宠：
传统凉面

　　夏天最热销的美食之一就是凉面了，饭店里的凉面端上来，上面都有冰渣儿，味道不错。所谓的传统素凉面就是全部采用素食食材并在凉面的烹饪基础上制作而成，外观淡雅的传统素凉面口感清脆，在炎热的夏季不失为一道清爽的美食。在凉爽的空调房里就着一碗有着淡淡的甜咸味的传统素凉面，再配上黄瓜丝、香菜末、蒜末、鲜辣椒末等，好吃又开胃。

材料 Ingredient

油面	200 克
鸡胸肉	50 克
胡萝卜	50 克
小黄瓜	50 克
蒜泥	10 克
鸡汤	适量

调料 Seasoning

芝麻酱	适量
米酒	1 大匙
盐	1 小匙

做法 Recipe

❶ 鸡胸肉洗净，入沸水汆烫后捞起，与米酒、盐、水一同放入电饭锅内锅，在外锅放 200 毫升水，蒸至开关跳起，再闷约 10 分钟取出切丝。

❷ 胡萝卜、小黄瓜均洗净切丝，备用。

❸ 油面放入沸水汆烫，捞起沥干盛盘，接着放入鸡胸肉丝、胡萝卜丝、小黄瓜丝，再加入芝麻酱、鸡汤、蒜泥拌匀即可。

冰爽停不下来：

传统素凉面

夏天最热销的美食之一就是凉面了，饭店里的凉面端上来，上面都有冰渣儿，味道不错。所谓的传统素凉面就是全部采用素食食材并在凉面的烹饪基础上制作而成，外观淡雅的传统素凉面口感清脆，在炎热的夏季不失为一道清爽的美食。在凉爽的空调房里就着一碗有着淡淡的甜咸味的传统素凉面，再配上黄瓜丝、香菜末、蒜末、鲜辣椒末等，好吃又开胃。

材料 Ingredient

油面	200 克
小黄瓜	30 克
胡萝卜	15 克
生菜	15 克
素火腿	3 片
食用油	适量

调料 Seasoning

芝麻酱	2 大匙

做法 Recipe

① 汤锅加入适量水煮沸，将油面放入略汆烫捞起，冲泡冷水后沥干。

② 取一盘，放上沥干的油面并倒上少许食用油拌匀，且一边拌一边将面条拉起吹凉。

③ 将素火腿切丝；小黄瓜、胡萝卜、生菜均洗净后切丝，泡冷水备用。

④ 取一盘，将油面置于盘中，再铺上素火腿丝、小黄瓜丝、胡萝卜丝、生菜丝，最后淋上芝麻酱即可。

川式美味：

川味凉面

　　凉面口感清爽，是夏季的绝佳美食，在许多地方都有，且各有各的特色，但我只对川味凉面情有独钟。我第一次学习制作的凉面就是川味凉面，看着在自己手中绽放的美食，心情就会变得格外明朗，加入了川味麻辣酱的凉面，味道尤其舒爽。在炎热的夏天来一碗川味凉面，保证让你胃口大开。

材料 Ingredient

细拉面	200 克
绿豆芽	25 克
小黄瓜	25 克
香菜	少许
食用油	适量

调料 Seasoning

川味麻辣酱 3 大匙

做法 Recipe

❶ 汤锅放入适量水煮沸，放入细拉面氽烫至熟即捞起沥干。

❷ 将烫熟的细拉面放在盘上并倒上少许食用油拌匀，一边拌一边将面条以筷子拉起吹凉。

❸ 将绿豆芽以沸水氽烫至熟后捞起冲冷水至凉；小黄瓜洗净切丝，浸泡凉开水备用。

❹ 取一盘，将拉面置于盘中，再于面条表层排放氽烫熟的绿豆芽和小黄瓜丝，淋上川味麻辣酱，撒上香菜即可。

清脆劲滑：

麻酱凉面

一到夏天大街上就会出现各式各样的凉面，口味多有不同，大家也有各自的喜好。下面推荐一款我比较喜欢的凉面，可能很多人都吃过，那就是麻酱凉面。芝麻酱是麻酱凉面的必备调料，香香的芝麻酱，劲道爽滑的面条，配上脆嫩的黄瓜、胡萝卜，浇上蒜泥汁拌匀的芝麻酱，吃一口下去便得到很大的满足。

材料 Ingredient

凉面	150 克
小黄瓜丝	30 克
胡萝卜丝	20 克
凉开水	适量
食用油	适量
蒜泥	1/4 小匙

调料 Seasoning

芝麻酱汁	1 大匙
白糖	1 大匙
白醋	1/4 小匙
陈醋	1/4 小匙
酱油	1/4 小匙

做法 Recipe

1 汤锅加入适量水煮开，放入凉面煮约 2 分钟捞起放凉，拌入适量食用油使之不黏结。

2 芝麻酱汁中加少许凉开水搅拌均匀，再依序加入白醋、陈醋、酱油、白糖、蒜泥。

3 将适量混合后的芝麻酱汁淋在拌好的凉面上，放上胡萝卜丝及小黄瓜丝即可。

小贴士 Tips

✚ 在夏季烹饪时要注意餐具器皿的安全卫生，最好不要像大街上用塑料袋装。

✚ 黄瓜丝已成为凉面的必备搭配，再加上口感清脆，所以一定要有，当然各种调料也必不可少。

花生麻酱凉面

不一样的麻酱凉面：

天气热的时候，每次做饭或出去走走都要出一身的汗，真羡慕那些四季如春的地方。因为热，所以吃的东西还是以清淡省事为主，我便常常做麻酱面。前阵子有博友告诉我说在芝麻酱里加点花生会更添口感，所以这次在调面条酱汁的时候就加了一些油炸花生碎，在吃面的时候可以吃到粒粒的花生碎，口感很是不错。

材料 Ingredient

细拉面	250 克
胡萝卜	20 克
油炸花生仁	20 克
小黄瓜	1/2 根
芝麻酱	1 大匙
食用油	少许

调料 Seasoning

盐	1/2 小匙
鸡精	1/2 小匙
白糖	1/2 大匙
辣椒酱	1/2 大匙
陈醋	1/2 大匙
白醋	1 大匙
香油	少许
胡椒粉	少许

做法 Recipe

❶ 汤锅加水煮开，放入细拉面煮熟，捞起沥干，并倒上少许食用油拌匀，且一边拌一边将面条以筷子拉起吹凉。

❷ 小黄瓜洗净切丝；胡萝卜去皮后洗净、切成丝；芝麻酱加调料拌匀。

❸ 将油炸花生仁剥去外层薄膜，再用刀背将其碾碎放入做法 2 的芝麻酱中拌匀，即为花生芝麻酱。

❹ 面条置于盘中，排上小黄瓜丝、胡萝卜丝，放上花生芝麻酱拌匀即可。

小贴士 Tips

➕ 酱汁的调制最为关键，要注意方法，最好是分次添加水，缓慢搅动，这样味道才会更香。水的用量不宜太多，不然容易丧失酱汁的味道。

➕ 花生酱有甜味，为了不影响口感，不能放太多。

食材特点 Characteristics

花生酱：提取花生油前的产物，黏稠状，味道鲜美，含有浓郁的花生香味，应用广，可做调味剂，也可作馅料。

花生仁：一种食用广泛的坚果，营养和药用价值丰富，有抗老化、促进发育、增强记忆力等功效。油炸调味后的花生仁非常好吃，一般作为调料食用。

动人演绎：

芥末麻酱凉面

在此之前，我从不知道芥末和麻酱凉面可以结合，并演绎出如此动人的美味。芥末味道独特，清香之中带有一些辛辣，若是不小心吃多了会有催泪效果，大多数人都对芥末避而远之，你若也是这样便错过了一道经典美味。芝麻酱凉面搭配少许芥末，味道出乎意料的清爽，既能满足浓重的口味，又可美容，是爱美女性朋友不错的选择。

材料 Ingredient

细面	200 克
芥末籽酱	1 大匙
芦笋	1/2 根
香芹叶	适量
凉开水	50 毫升

调料 Seasoning

芝麻酱	1 大匙
白糖	1 大匙
酱油	1 大匙
水果醋	20 毫升
盐	适量

做法 Recipe

❶ 将芦笋洗净、削皮，切成细丝，然后放入沸水中汆烫 2~3 分钟，捞起备用。

❷ 取洗净的碗，放入芥末籽酱、凉开水及所有调料搅拌均匀，即为芥末芝麻酱。

❸ 烧一锅沸水，放入细面煮熟，捞起过凉水沥干后，放入碗中。

❹ 食用前将芥末芝麻酱直接淋在煮熟的面上，再加上汆烫过的芦笋丝拌匀，放上香芹叶装饰即可。

小贴士 Tips

✚ 若没有芦笋，也可以换成其他喜欢的蔬菜。辅料的搭配可以随意一些。

食材特点 Characteristics

芥末：又称芥子末，味道芳香辛辣，有强烈的刺激味和催泪效果，十分独特，常用于调味品，可能有的人吃不惯。.

水果醋：添加了水果的醋饮料，种类多样，不同的果蔬有着不一样的保健作用。一般在做酱料或拌面时用到。

清凉夏日：
荞麦冷面

到了夏季，对于上班族来说，最怕热乎乎地回到家，还得开火做饭，等到做好了饭菜，又不想吃了。所以夏季最好的选择就是吃凉面了，不用大动烟火就想吃到爽口的凉面，荞麦冷面便是不二选择。在超市买一些荞麦面备好，想吃的时候调剂好所需的汤料，和煮熟的荞麦面拌匀就可以食用了，简单又美味。

材料 Ingredient

荞麦面	100 克
海苔	适量
葱花	适量

调料 Seasoning

荞麦凉面汁	适量
芥末	适量
七味粉	适量

做法 Recipe

❶ 荞麦面煮熟后用冰水冲洗，使面条降温并冲去面条的黏液与涩味。

❷ 将荞麦面盛盘后撒上海苔。

❸ 将荞麦凉面汁装入深底小杯中，酌量加入葱花、芥末及七味粉拌匀，食用时取荞麦面蘸上酱汁即可。

小贴士 Tips

✚ 因为每种品牌的特色、材料不一样，七味粉的选择可以根据自己的喜好或是直接用其他调料来代替。

食材特点 Characteristics

荞麦：荞麦营养丰富，有"消化粮食"的赞誉。荞麦易煮，所以在蒸煮的时间不宜过长。

七味粉：日本料理中一种以辣椒为主材料的调料，不同牌子的七味粉成分可能有所不同，其所带来的风味亦不同。

简单好滋味：
蒜蓉凉面

凉面有很多种，和蒜蓉一起拌食可谓是最家常的一种了。可以像我一样把蒜蓉酱拌在面里，也可以把各种喜欢的食材和蒜蓉都放在一起搅拌。天气热的时候来上一份，再叫上两碟凉菜，很是惬意。拌好的面条辛香味浓，开胃可口，可以补充体力，凉爽心情，给你一天的正能量。

材料 Ingredient

油面	250 克
绿豆芽	15 克
小黄瓜	1/2 根
葱花	适量
食用油	适量

调料 Seasoning

蒜蓉酱	2 大匙

做法 Recipe

❶ 取一汤锅，待水开后将油面放入氽烫即可捞起，再冲泡冷水后沥干。

❷ 取一干净盘子，放上沥干的油面并倒上适量食用油拌匀，且一边拌一边将面条拉起吹凉。

❸ 将小黄瓜洗净切丝；绿豆芽洗净氽烫，捞起过冷水，沥干备用。

❹ 另取一装盘，将油面置于盘中，再放上小黄瓜丝和沥干的绿豆芽，淋上蒜蓉酱，撒上葱花即可。

小贴士 Tips

✚ 蒜蓉酱可以直接用蒜剥去薄皮，洗净并切成碎末的蒜末来代替，调成蒜汁来拌面。

✚ 绿豆芽、小黄瓜都可以用手边的食材代替，烹饪时随意些，食材的选择可根据自己的喜好随意增减。

食材特点 Characteristics

蒜蓉酱：由辣椒、蒜、白糖、蚝油、酱油膏等材料制作而成，口味辛辣，是一种很好的调味酱料。

葱：最为常见的香料调味食材之一，味道辛香，经过热油爆香后香味更浓，也可单独食用。

酸酸甜甜就是我：

酸奶青蔬凉面

　　酸奶以其美味动人和丰富的营养红遍大江南北，很少有人会不喜欢它酸酸甜甜的味道。酸奶青蔬凉面清新亮丽如同其名，熟面和清脆爽口的西蓝花及芦笋一起搭配，有一种春天的勃勃生气。酸奶青蔬凉面就是你值得一试的养生面食，定会让你无法忘怀。

材料 Ingredient

熟面	200 克
西蓝花	50 克
芦笋	30 克
原味酸奶	100 毫升

调料 Seasoning

色拉酱	50 克
水果醋	1 小匙
盐	1/4 小匙
白糖	1/2 小匙

做法 Recipe

❶ 西蓝花洗净切小块；芦笋洗净切段。

❷ 汤锅中倒入适量水煮沸，分别将西蓝花块、芦笋段放入锅中氽烫约 30 秒，取出泡冷开水冷却备用。

❸ 将所有调料和原味酸奶混合搅拌均匀，再加入冷却后的西蓝花、芦笋段拌匀，即为酸奶青蔬酱。

❹ 食用前直接将酸奶青蔬酱淋在熟面上拌匀即可。

小贴士 Tips

✚ 色拉酱对胃酸过多和胃寒的人有影响，所以在制作时要注意用量，不宜过多。

食材特点 Characteristics

原味酸奶：指没有添加其他成分的酸奶制品，口感酸甜，营养丰富，没有添加剂，不仅可以作为饮品，在烹饪时少量添加还可以增添美食的味道，带来不一样的新鲜感。

色拉酱：又称蛋黄酱，食用范围广泛，各地因口味不同有很多的种类。主要是用于做各种沙拉，如水果沙拉、蔬菜沙拉等。

美食舶来品：
油醋汁凉面

正宗的油醋汁凉面来源于意大利，在引进的过程中，经过无数人的改造后，已和原来的略有不同，不过美食就是需要不断地尝试和创新，才可以发现其中隐藏的更多美味。红酒醋味道独特，在凉面中适当添加一些，味道更佳，吃起来别有一番风味。

材料 Ingredient

细圆面	150 克
红甜椒	1/4 个
黄甜椒	1/4 个
生菜丝	适量
火腿丝	适量
奶酪丝	适量
食用油	适量
蒜泥	1 大匙
洋葱末	1 大匙
香芹末	少许

调料 Seasoning

红酒醋	50 毫升
黑胡椒	少许
盐	少许

做法 Recipe

1. 在煮开的水中加入少量的盐，再加入少许食用油，放入细圆面煮熟后捞起，冲凉沥干备用。
2. 将红甜椒、黄甜椒洗净，去籽切丁。
3. 将全部调料加蒜泥、洋葱末、香芹末及少许食用油搅拌均匀成油醋汁备用。
4. 将细圆面装盘，摆上红甜椒丁、黄甜椒丁、生菜丝、火腿丝、奶酪丝，淋上适量油醋汁即可。

小贴士 Tips

- 煮面时加入少许盐有助于面入咸味，而且这样煮出来的面不易烂。
- 面条煮好后，捞出用凉开水过凉，沥干水分，并用筷子抖散，以防粘在一起。
- 油醋汁的调配简单，也可以换用其他酱汁，当然那样做出来的美食就不叫油醋汁凉面了，所以享用美食还是要下一番功夫的。

食材特点 Characteristics

红酒醋：意大利的一种特色醋，是用葡萄为原料制作而成，颜色是深茶黑色，味道酸甜，一般用于肉类、鱼类菜肴或是制作沙拉。

火腿：腌制或熏制的猪腿，含丰富的蛋白质、维生素和矿物质，具有健脾开胃、生津益血、滋肾填精之功效。

异域面
百变风味

俗话说："百里不同风，千里不同俗，万里不同食。"不同的地域、文化孕育了各自相异且精彩纷呈的美食，它们的味道或甜，或咸，或麻，或辣，能够带给食客不一样的五味感受。正是因为这种种差异，我们才有机会在世界美食的长河中徜徉，品味各地美食的无限魅力，感受特色风情。

笑品寰宇鲜佳肴

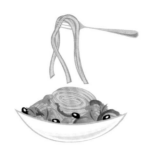

　　想要成为人人赞誉的面食专家，那么有几道拿手的异域面是不可缺少的。这些异域面中，像意大利面、日本乌冬面、韩国冷面等常见的面条最好是会做上几道。我最初之所以学习烹饪异域面是因为想换换口味，吃些不一样的，同时想丰富一下自己的厨艺，偶尔还可以在家人朋友面前"卖弄"一下，这样既改善了日常饮食结构，又展现了自己突出的厨艺。很多异域面和我们普通的面条在做法上都是大同小异，都逃不过蒸、炒、拌、煮的过程，只不过是原材料有些差异。所以说制作异域面，最关键的是能够拥有最基本的厨技，这样不管是什么样的烹饪方式都能得心应手。

　　国外的面条也具有悠久的历史，且经过不断的演变而各具特色。那些或圆或扁、或空心或层叠的面条，和我们常见的挂面、手擀面、刀削面、烩面虽不相同，却也拥有独一无二的口感和品质。

　　意大利面又被称为意粉，有很多的种类，像圆直面、蝴蝶面、通心粉、螺丝面、贝壳面等。制作意大利面的主要原料是杜兰小麦，成形的面条色泽金黄，具有口感好、耐煮的特点。酱料是意大利面风行天下的关键因素。在意大利酱料中主要有红白两种类型，红酱是由番茄为主制作而成；白酱主要是由面粉、奶油和牛奶等混合而成。除此之外还有青酱、黑酱以及其他食材制作而成的酱料，品种多样。对于吃惯了糯软面条的我们来说，可能吃不惯意大利面，因为它有点硬，咬起来有点费力，按照我们煮面的标准就是有点半生不熟。

　　日本乌冬面又称乌龙面，是日本最具汉族特色的面条之一，也是日本料理店中不可或缺的主角。乌冬面有一个很引人注目的特点，那就是它含的反式脂肪酸为零，碳水化合物丰富，所以对于身材要求严格或是注重调养的人群来说是一个不错的选择，也很受人们的欢迎。

　　韩国冷面是韩国传统美食之一。据说，冷面发源于 19 世纪中叶，一般以荞麦面为主材，配以泡菜和其他辅料，口味独特。如今，随着韩剧的热播，韩国冷面在国内也是大为流行，成为人们热衷的美食。

　　随着文化交流的日益频繁，除了这三种在国内比较常见的面食，还有其他地方的独特风味美食不断地走进我们的生活。这些异域风味美食正逐渐被越来越多的人所接受、喜欢，不少已经端上了我们的小餐桌，满足我们足不出国就能品尝世界各地美食的心愿。

在闲暇之余，学一学这些美食的制作，或许能够带给你不一样的乐趣。在家时，我就经常为家人做上一份意大利面或是韩国冷面，换一换口味，品尝一下口感迥异的异域风味面，丰富一下生活，这样略显枯燥的日子才会更有情趣。不知道你是不是也和我有一样的想法？

满口生香：

锅烧意大利面

意大利面种类繁多，是西餐中与中国人的饮食较为接近的一种面食，也容易被人们所接受，锅烧意大利面就是其中较为亲民的美食之一。橙黄的意大利面耐煮且口感劲滑，吃起来满口生香，吸足了汤中精华的香菇，味道更加醇厚，再搭配青翠的上海青，锅烧意大利面看起来是如此动人。

材料 Ingredient

意大利面	100 克
蛤蜊	75 克
上海青	50 克
鲜虾	2 只
鱼板	2 片
墨鱼	3 片
鲜香菇	1 朵
水	适量
食用油	少许

调料 Seasoning

盐	1/2 小匙
鸡精	1/2 小匙
胡椒粉	少许

做法 Recipe

1. 鲜虾用牙签挑出虾线洗净；上海青、鲜香菇去头，洗净，备用。

2. 将锅烧热，倒入适量的食用油，放入意大利面轻炸，捞出沥干备用。

3. 煮一锅 600 毫升左右的水，待水开后，放入洗净的鲜虾、鲜香菇、蛤蜊、墨鱼、鱼板与炸意大利面。

4. 接着放入全部调料，以及洗净的上海青，待再次煮开拌匀盛碗即可。

美味营养两不误：

焗南瓜鲜虾面

　　很多蔬菜瓜果都可单独做美食，南瓜就是其中之一。以前我经常做非常喜欢的南瓜饼来吃，不仅营养丰富、清甜可口，还可以清热解毒。夏天暑气重，容易使人肝火旺盛，这道焗南瓜鲜虾面就是另一种不错的选择，有清热降火的作用，经常食用对身体非常有益。

材料 Ingredient

宽扁面（熟）	200 克
南瓜	150 克
奶酪丝	100 克
洋葱末	50 克
鲜虾	10 只
蒜末	5 克
高汤	200 毫升
橄榄油	1 大匙

调料 Seasoning

茄汁肉酱	4 大匙

做法 Recipe

1 宽扁面可以用熟的，若是用生的可以先行煮熟。

2 南瓜连皮切薄片；鲜虾去壳、去虾线，留头尾后，洗净放入滚水中氽烫至熟备用。

3 热锅，倒入橄榄油，放入蒜末炒香，加入洋葱末炒软，再加入南瓜片略煎一下，将熟宽扁面及茄汁肉酱、高汤放入锅中拌炒。

4 再倒入烤盘中，铺上鲜虾，撒上 1 层奶酪丝，放入预热 180℃的烤箱中，烤至表面呈金黄色即可。

南瓜鲜蔬意大利面

南瓜这种蔬菜最是招人喜欢了，不仅营养丰富，而且颜色鲜艳，在做各种菜肴时加入南瓜片或是南瓜泥，金灿灿的非常养眼。我就很喜欢那种色彩艳丽的食材，在厨房忙碌的时候，看着这些色泽艳丽的食材相互搭配，一份好吃的美味在手中逐渐完成，也是一种很好的享受。南瓜鲜蔬意大利面就是一道好看又好吃的上佳美食。

材料 Ingredient

A:
意大利面	100 克
鲜香菇片	10 克
小番茄块	10 克
杏鲍菇片	5 克
芦笋段	5 克
黄甜椒块	5 克
橄榄油	适量

B:
南瓜块	500 克
土豆块	20 克
牛奶	300 毫升
素高汤	200 毫升

调料 Seasoning

盐	少许
黑胡椒粉	少许
起司粉	1 大匙
综合香料	少许

做法 Recipe

1. 将材料 B 加入汤锅中，以中火煮至南瓜软烂，再倒入果汁机中打成泥状，即成南瓜酱汁，备用。

2. 将意大利面放入沸水中，煮约 8 分钟至面熟后，捞起泡入冷水中，再加入 1 小匙橄榄油，搅拌均匀放凉备用。

3. 取炒锅，加入 1 大匙橄榄油，再加入鲜香菇片、杏鲍菇片、芦笋段、黄甜椒块、小番茄块，以中火爆香，再加入南瓜酱汁与意大利面一起拌煮均匀。接着加入所有的调料，以中火炒匀即可。

小贴士 Tips

+ 南瓜可以打成汁，做拌面时可以增添面的黏稠度，也能丰富面条色泽。

食材特点 Characteristics

南瓜：一种常见的瓜类蔬菜，营养丰富，维生素、类胡萝卜素、矿物质等含量丰富。一般可配菜、做馅，成熟果实甜面，可熬粥。

土豆：不仅是一种蔬菜，也是重要的粮食作物，淀粉含量丰富，还含有丰富的葡萄糖等营养素。一般用于做菜，可炒、可炖等。

经典的魅力：

焗菠菜肉酱千层面

层层堆叠的千层面皮，夹裹着馥郁浓香的肉酱，表层奶酪烤到金黄酥脆，趁热挖一大勺送入口中，奶香、汁香、菜香、面香……满满的都是美味！下班回家后煮煮面、拼拼盘、烤一烤，优雅从容地两人餐上桌了，既放松心情又增加生活品位，也算是一种慢烹饪快生活了。

材料 Ingredient

意大利千层面	3 片
牛绞肉	100 克
奶酪丝	100 克
番茄丁	25 克
蒜末	10 克
洋葱末	5 大匙
奶油	1 小块
香芹末	少许
菠菜	适量

调料 Seasoning

红酱	5 大匙

做法 Recipe

❶ 菠菜用铝箔纸包起，放入预热 200℃烤箱中烤约 15 分钟，取出切碎。

❷ 番茄丁、蒜末、牛绞肉、洋葱末拌匀，铺上奶油烤约 15 分钟，加入红酱拌成馅料。

❸ 烤盘放入 1 片意大利千层面，铺上馅料与菠菜碎，盖上 1 片意大利千层面；再铺上馅料与菠菜碎，盖上意大利千层面，撒上奶酪丝，放入烤箱中以 220℃烤约 20 分钟，撒上香芹末即可。

小贴士 Tips

➕ 意大利千层面尽量选用熟的，这样烹饪起来方便。

➕ 菠菜一定要用铝箔纸包起来，不然容易烤坏了，而且温度不宜过高，掌控好时间。

➕ 在烤箱中烤制千层面时可以把温度调得高一些，时间长一点，这样烤出来的千层面焦脆，吃起来更香。

食材特点 Characteristics

菠菜：色泽浓绿，是一种常见的蔬菜，营养价值丰富，有"营养模范生"之称。经常用来烧汤、凉拌、单炒和配荤菜合炒或垫盘。

红酱：意大利极为常用的一种酱料，用番茄、洋葱、玉桂叶和奶油等制作而成，营养价值丰富，经常在意大利面食中用到。

飞舞的蝴蝶：

三文鱼奶油意大利面

如蝴蝶形状的意大利面，仅是看着就让人心生怜爱，更别说是吃了。柔软的奶油与鲜嫩的三文鱼相配，给人一种相得益彰的感觉，再加上白酱和胡椒粉的调味，吃上一口，舌尖仿佛如清风拂过般畅快。吃惯了清淡小菜的你，不妨换一换口味，说不定这道三文鱼奶油意大利面能给你带来不一样的味觉体验。

材料 Ingredient

蝴蝶面	100 克
三文鱼片	100 克
奶油	100 克
鲜奶油	60 克
蒜末	10 克
葱花	5 克
高汤	200 毫升
食用油	适量

调料 Seasoning

盐	适量
胡椒粉	适量
白酱	80 克

做法 Recipe

❶ 三文鱼片加少许盐、葱花腌渍半个小时。

❷ 热油锅，将腌渍好的三文鱼片煎熟后切成丁。

❸ 沸水锅中加少许盐，将蝴蝶面煮 10~12 分钟，并不停搅动，至熟捞起沥干。

❹ 奶油煮至融化，加入蒜末炒香，再加入高汤、鲜奶油、白酱、少许盐及胡椒粉煮开后转小火，放入沥干的蝴蝶面略拌煮，再放入三文鱼丁拌匀，装盘即可。

美食不辜负：

培根意大利面

在西餐厅吃饭，意大利面和牛排似乎是永远的主角，或许这两种美食确有其独特的美味优势。培根意大利面就是其中的常客，经常被端上人们的餐桌，深受食客的称赞。实际上培根意大利面做起来简单，材料也不是很多。将材料准备齐后，经过简单的拌炒就是一道完美正宗的意大利面，即使厨艺平常的妈妈都能够为孩子做上一份。

材料 Ingredient

螺旋面	100 克
培根	3 片
蒜	25 克
洋葱	1/2 个
四季豆	20 克
鸡高汤	350 毫升
橄榄油	适量

调料 Seasoning

盐	少许
黑胡椒粉	少许
综合香料	1 小匙

做法 Recipe

❶ 培根切小片；蒜洗净切小片；洋葱洗净切丁；四季豆洗净切斜片，备用。

❷ 锅里倒入橄榄油烧热，将培根炒香后，加入洋葱丁、蒜片炒至洋葱丁变软，再加入鸡高汤煮至滚，放入煮熟的螺旋面拌匀。

❸ 最后再依序加入调料和四季豆片，拌炒至均匀入味即可。

清爽香浓：
豆浆意大利面

　　如果有人告诉你，豆浆可以拿来煮面，你一定不要觉得奇怪，因为确实有这样的面。醇香浓郁的豆浆与意大利面一起在锅中慢煮，豆浆的营养和味道完全渗透进入面条中，与之融为一体，加上翠绿的青豆，扑面而来一股清爽之感，让人心动不已。若是晚餐时分来一份豆浆意大利面，定会让你有一种惊喜感觉。

材料 Ingredient

圆直面	200 克
培根片	80 克
洋葱末	50 克
奶油	20 克
青豆	20 克
蒜末	10 克
原味豆浆	200 毫升
蛋黄	1 个
橄榄油	适量
香芹末	少许

调料 Seasoning

黑胡椒粒	少许
盐	少许

做法 Recipe

❶ 煮一锅沸水，放入圆直面，加入少许盐与橄榄油，煮约 10 分钟至软后捞出备用。

❷ 热锅，加入奶油至融化后，爆香蒜末与洋葱末，再放入培根片、青豆炒香。

❸ 原味豆浆加热后与蛋黄拌匀，倒入做法 2 中的锅里续煮，再加入圆直面与盐、黑胡椒粒，一起混合拌炒均匀至入味，盛盘后撒上香芹末即可。

小贴士 Tips

➕ 煮面时放入盐，不仅可以使面入味，而且煮面时不易相互粘结，面条不会煮烂。

➕ 原味豆浆有甜味，不宜添加过多，以免掩盖美食的口感。

食材特点 Characteristics

青豆：我国重要粮食作物之一，营养价值和药用价值很高，有补肝养胃、滋补强壮、长筋骨、悦颜面、乌发明目、延年益寿等功效。

豆浆：人们喜爱的一种饮品，很多人都喝过且爱喝。豆浆营养价值高，蛋白质、维生素和矿物质含量非常丰富，有"植物奶"的美誉。

低调奢华：

蛤蜊意大利面

　　如果每种面都有一种秉性和特点的话，那么蛤蜊意大利面就像是一颗把玩很久的宝石，看似朴实内敛，实则光华无限，呈现出低调而又奢华的姿态。在蛤蜊意大利面中，白酒的清香与蛤蜊完美结合，由内而外散发出迷人的气息，加上黑胡椒的浓郁芳香，味道格外的清香。在面条的世界中，蛤蜊意大利面占据着不可或缺的位置。

材料 Ingredient

圆直面	80 克
蒜片	10 克
蛤蜊	8 颗
红辣椒片	少许
罗勒叶	适量
橄榄油	适量

调料 Seasoning

白酒	20 毫升
盐	1/4 小匙
香芹碎	1/4 小匙
黑胡椒粒	1/4 小匙

做法 Recipe

① 将圆直面放入沸水中煮 8~10 分钟至熟后，捞起泡入冷水至凉，再以少许橄榄油拌匀备用。

② 热油锅，以小火炒香蒜片、红辣椒片，再加入洗净的蛤蜊及白酒，至蛤蜊略开口后捞起。

③ 放入圆直面炒 1 分钟，加入蛤蜊、罗勒叶及其余调料拌炒均匀即可。

小贴士 Tips

✚ 白酒主要起到去腥的作用，但是量不要太多，不然会掩盖了美食的味道。

蒜香四溢：

蒜辣意大利面

　　大蒜是一种极受欢迎的烹饪调料，小时候妈妈炒菜做饭，总是少不了大蒜。用大蒜炒菜很常见，但是以大蒜为主料的意大利面却不常见，蒜辣意大利面就是一道不可错过的美味。大蒜和红辣椒都是随手可得的家常食材，将它们与意大利面一起入锅翻炒片刻，一道芳香四溢的蒜辣意大利面就完成了，快来品尝一番吧。

材料 Ingredient

圆直面	150 克
红辣椒	30 克
蒜	15 克
水	60 毫升
橄榄油	适量

调料 Seasoning

黑胡椒粒	1 小匙
盐	适量
香芹碎	适量

做法 Recipe

1. 煮一锅水，加入少许盐和橄榄油，放入圆直面煮 4~5 分钟至半熟，捞出沥干，加适量橄榄油拌匀。

2. 蒜、红辣椒洗净切片，备用。

3. 热平底锅，放入少许橄榄油，加入蒜片、红辣椒片以小火爆香蒜片至金黄。

4. 加入做法 1 中半熟的圆直面拌炒均匀，接着加入水、黑胡椒粒、盐煮至汤汁收干，起锅前撒上香芹碎即可。

搭配的默契：
海鲜青酱意大利面

西餐不仅讲究营养、色彩的搭配，而且摆盘考究尽显精致，使人眼前一亮，更有食欲！海鲜青酱意大利面中的青酱极其引人注目，色泽清新，虽口感浓重，却无油腻口感，再搭配翠绿的罗勒和鲜嫩的蛤蜊、蟹肉、墨鱼，更是美味，想不喜欢都难。

材料 Ingredient

意大利面	200 克
蛤蜊	100 克
虾仁	100 克
蟹腿肉	80 克
墨鱼	50 克
蒜	15 克
白酒	150 毫升
鲜奶油	50 克
洋葱	1/4 个
罗勒叶	少许
食用油	适量

调料 Seasoning

盐	适量
青酱	少许
胡椒粉	少许

做法 Recipe

① 蒜洗净切末；洋葱洗净切丁；虾仁去虾线洗净；墨鱼洗净切宽环状，与蟹腿肉一起用沸水余烫备用。

② 热锅，放入洗净的蛤蜊并加入 50 毫升白酒，盖上锅盖，焖煮至壳开，用滤网过滤，将蛤蜊与汤汁分开。

③ 另煮沸水加入少许盐，再加入意大利面煮 8~10 分钟，其间不断地搅动以避免粘锅，至熟后捞出。

④ 锅中倒入食用油加热后，放入蒜末及洋葱丁炒至洋葱变软，再放入虾仁、墨鱼、蟹腿肉、蛤蜊与蛤蜊汤汁一起翻炒后，加入 100 毫升白酒煮到酒精挥发，再加入盐及胡椒粉并稍微搅拌。

⑤ 放入煮熟的意大利面加入青酱汁，再倒入鲜奶油拌炒约 2 分钟后装盘，放上罗勒叶即可。

小贴士 Tips

⊕ 虾仁、墨鱼和蛤蜊等海鲜一定要处理干净，以免有腥味影响到面的味道和口感。

食材特点 Characteristics

青酱：一种意大利面的冷拌酱，原料简单，主要是罗勒叶、松子、蒜末和橄榄油。健康又美味，尤其受女生喜爱。

墨鱼：经常食用的海鲜之一，不但味感鲜脆爽口，具有较高的营养价值，而且富有药用价值，非常适用于阴虚体质、贫血等患者食用。

独特面食：
焗烤奶油千层面

　　焗烤奶油千层面不同于我国传统的面食，而是一道以意大利千层面为原料的美食，面片层层叠加，外形看起来与意大利披萨十分相似。牛奶、面粉、奶油都是缺一不可的原料，由奶油和面粉制作出来的白酱鲜而不腻。层层面片间夹着浓浓的肉酱，表面铺满白酱和乳酪丝的千层面不仅看起来令人垂涎，吃起来更是美味无比。

材料 Ingredient

千层面	3 片
奶酪丝	70 克
鲷鱼	60 克
墨鱼	40 克
洋葱末	15 克
蒜末	10 克
奶油	10 克
菠菜	10 克
白酒	15 毫升
虾仁	4 只
香芹末	1 小匙
食用油	适量
罗勒叶	少许

调料 Seasoning

白酱	60 克
海鲜料	适量

做法 Recipe

1. 先取一锅水煮沸，放入千层面煮约 5 分钟至 8 分熟，捞起泡水备用。

2. 鲷鱼、墨鱼洗净切片，虾仁去虾线洗净，罗勒叶洗净，备用，另外将烤箱调至 220℃ 预热备用。

3. 热锅，放入食用油爆香蒜末、洋葱末，再放入鲷鱼片、墨鱼片、虾仁，以中火炒 1~2 分钟，淋上白酒并放入少许白酱，转小火稍微煮 1 分钟，起锅备用。

4. 另取一深盘，以奶油涂匀盘底，放入 1 层白酱、奶酪丝、8 分熟的千层面皮，再铺上 1/3 的海鲜料。

5. 依照上一步骤顺序重复 1 次，再放 1 层新鲜菠菜，倒入 1 层白酱抹匀，覆上第 3 层面皮，将剩余白酱淋在叠好的千层面上，撒满奶酪丝，放入预热为 220℃ 的烤箱中烤约 5 分钟后取出，撒上香芹末，装饰罗勒叶即可。

小贴士 Tips

➕ 在千层面的摆放顺序上可以自然调整，只要在烤制时不要弄散即可。

食材特点 Characteristics

白酱：一种意大利美食中常见的、食用广泛的酱料，主料是淡奶油或者牛奶，可以用来做披萨、浓汤、拌意面等。

罗勒叶：一种调味菜，多用于意大利菜肴，味道独特，能够增加口感，还具有化湿、消食、活血、解毒和行气的作用。

暗香浮动：
意大利肉酱面

对于吃惯中餐的人来说，偶尔吃一次西餐是生活的调味剂。若是喜欢西餐并且想要自己在家动手制作西餐，那么意大利肉酱面就是很好的选择。意大利肉酱面的肉酱做起来并不复杂，只要将食材入锅翻炒，然后小火煮至浓稠即可。酸甜的酱汁浇在口感劲道的意大利面上，再点缀少许的香芹末，精致得如同出自高级厨师之手。

材料 Ingredient

圆直面	150 克
猪绞肉	80 克
蒜末	1 大匙
洋葱末	1 大匙
西芹末	1/2 大匙
胡萝卜末	1/2 大匙
番茄糊	1/2 大匙
月桂叶	1 片
番茄粒	2 大匙
橄榄油	适量
香芹末	适量
鸡高汤	适量
综合香料	1 小匙
食用油	适量

调料 Seasoning

鸡精	1/2 大匙
面粉	1 大匙

做法 Recipe

❶ 将圆直面放入热水中煮熟后入冷水至凉，放少许橄榄油拌匀，备用。

❷ 起一油锅，放入猪绞肉以中火炒至金黄。

❸ 另起油锅，炒香蒜末、洋葱末、西芹末和胡萝卜末，再加入综合香料、番茄糊、番茄粒、月桂叶和面粉炒香。

❹ 加入猪绞肉，倒入鸡高汤，以小火熬煮约 20 分钟至浓稠，加入鸡精调味，即成肉酱。

❺ 将肉酱淋在煮熟的圆直面上，撒上少许香芹末即可。

小贴士 Tips

➕ 肉酱有干湿之分，所以根据自己的喜好调节熬煮的时间。

食材特点 Characteristics

月桂叶：西方美食中常用的调味料，或用作餐点装饰，如用在汤、肉、蔬菜、炖食等中，可说是一种健胃剂。

西芹：一种保健蔬菜，营养丰富，深受百姓喜爱，具有降血压、镇静、健胃、利尿等疗效，和芹菜具有相同的营养和食疗价值。

鲜浓香郁：

鲜虾海鲜千层面

虾仁、蛤蜊和鲷鱼注定难舍难分，用它们一起搭配组成美味的海鲜料理，没有吃过，便不知其味，正如这道鲜虾海鲜千层面，再放入适量奶酪丝和奶酪粉，扑鼻的海鲜味和浓浓的奶酪香让你的舌尖根本停不下来。

材料 Ingredient

千层面	4 片
虾仁	100 克
奶酪丝	100 克
蛤蜊肉	80 克
鲷鱼肉丁	40 克
洋葱末	40 克
奶油	40 克
奶酪粉	30 克
蒜末	10 克
高汤	200 毫升

调料 Seasoning

红酱	150 克
鲜奶油	150 克
盐	适量
白酒	适量
面粉	适量

做法 Recipe

1. 将千层面入沸水中煮约 6 分钟，捞起备用。
2. 奶油入热锅中融化，加入蒜末炒香，放入洋葱末、虾仁、蛤蜊肉和鲷鱼肉丁及高汤，以小火炒约 2 分钟。
3. 取一半做法 2 中的海鲜材料与少许盐、红酱、白酒、面粉混合，拌匀即为番茄海鲜酱。
4. 将做法 2 中其余的海鲜材料与少许盐、鲜奶油、白酒、面粉混合，拌匀即成奶油海鲜酱。
5. 取 1 片千层面铺开，放入一半番茄海鲜酱，再放上 1 片千层面，放入一半奶油海鲜酱，再重复 1 次前述做法将材料用完。
6. 撒上奶酪丝及奶酪粉，放入预热好的烤箱内，以 200℃的温度烤约 10 分钟至表面呈金黄色即可。

小贴士 Tips

+ 这里写的具体时间一般都是在家做的时候大致所用的时间，你在烹饪时可根据实际情况调整。
+ 一些不易找到的酱料，可用其他自己喜欢的酱料来代替。

食材特点 Characteristics

白酒：经常在烹饪时用到，不仅可以提味，减少菜品的苦涩、鱼腥等，还可以防止摄入油过量，有健脾补胃、帮助消化的功效。

奶酪：一种发酵的牛奶制品，含有丰富的蛋白质、钙、脂肪、磷和维生素等营养成分，是纯天然的食品，也是最好的补钙食品之一。

神秘的墨鱼面：
茄汁海鲜墨鱼面

每次身边有人说已经不想吃只有牛扒的西餐，想吃点正宗又特别的西餐时，我都会向他们推荐茄汁海鲜墨鱼面。面条墨黑油亮，散发着神秘气质；红艳浓厚的茄汁裹着白嫩的墨鱼块、喷香的蟹肉，香艳诱人；面条上再放上罗勒叶丝，又为这道美食增香添味不少。

材料 Ingredient

墨鱼面	80 克
虾仁	30 克
鱿鱼中卷	10 克
蟹肉	10 克
洋葱末	10 克
蛤蜊	5 克
番茄汁	30 毫升
罗勒叶丝	3 片
蒜末	3 克
番茄糊	1/2 小匙
食用油	适量

调料 Seasoning

盐	1/4 小匙
橄榄油	30 毫升
白酒	30 毫升

做法 Recipe

1. 墨鱼面放入滚水中煮熟后，捞起泡冷水至凉，再以少许橄榄油拌匀，备用。
2. 鱿鱼中卷切圈状；蛤蜊放入加了少许盐的冷水中吐沙备用。
3. 将虾仁、蟹肉及鱿鱼中卷放入滚水中余烫至熟，捞起沥干水分。
4. 蛤蜊放入滚水中余烫至略微开口即捞起沥干水分，备用。
5. 热油锅，以小火炒香蒜末、洋葱末，加入番茄糊、番茄汁、墨鱼面及余烫的海鲜拌匀，最后加入所有调料、罗勒叶丝即可。

小贴士 Tips

+ 蟹肉最好在超市买现成的，要不然处理起来有些麻烦。若是没有也可以用虾仁来代替。
+ 番茄糊和番茄汁我感觉差不多，用一种就可以了，只是做酱料时放的量要稍微多一点。

食材特点 Characteristics

蟹肉：螃蟹中白色像鱼肉一样的部分，蟹肉含有丰富的蛋白质及微量元素，对身体有很好的滋补作用。因蟹肉有寒性，所以婴幼儿、孕妇等人群尽量少食用。

鱿鱼：一种经常食用的海鲜，可用来爆、炒、烧、烩、余等，营养价值非常高，含有多种人体所需的营养成分，且含量极高。

乡村肉酱千层面

最真实的味道：

乡村肉酱千层面是一道与我不期而遇的美食。随着时间的流逝，它的身影愈发清晰、明朗，番茄酱的酸爽、红酒的醇香、奶酪的浓郁味道……众多的配料构成了风味独特的乡村肉酱，再与千层面完美结合，使你的舌尖有种被俘获的感觉。

材料 Ingredient

A:

千层面皮	5 片		
新鲜番茄	600 克	C:	
洋葱碎	30 克	鲜奶	500 毫升
蒜碎	30 克	奶油	200 克
罗勒叶末	30 克	面粉	120 克
水	适量	香芹碎	少许
		橄榄油	适量

B:

牛绞肉	300 克
胡萝卜	1/2 根
洋葱	1/2 个
西芹	1 根
迷迭香	少许
百里香	少许
月桂叶	少许
豆蔻粉	适量
红酒	20 毫升

调料 Seasoning

盐	适量

做法 Recipe

1. 新鲜番茄用热水余烫约 10 秒后，捞起、去皮、切丁；热锅，炒香洋葱碎、蒜碎、罗勒叶末，再加入番茄丁，小火煮约 30 分钟成番茄酱备用。

2. 胡萝卜洗净去皮、切碎；洋葱洗净切丝；西芹洗净切碎；另起一油锅，将前面的材料炒香后盛起备用。

3. 锅中放入橄榄油烧热，放入牛绞肉拌炒约 3 分钟，倒入做法 2 中的材料拌炒，再加入 3 大匙番茄酱、红酒、B 中其余材料和适量水，以小火熬煮约 1 个小时即为乡村肉酱。

4. 另起锅，放入奶油融化后，加入面粉、盐、豆蔻粉拌炒至化开，再倒入加热至八分热的鲜奶，一起搅拌至呈糊状即为白奶油酱。

5. 锅中加水煮至沸，加 1 小匙盐，将千层面皮放入煮至八分熟后捞起，拌点橄榄油；取一烤盘刷上一层薄薄的奶油后，依序隔层放入千层面皮、乡村肉酱、番茄酱和白奶油酱，叠层千层面，在烤箱中烤约 20 分钟至表面呈金黄色即可。

食材特点 Characteristics

迷迭香：一种西餐中常见的香料，经常运用在牛排等料理中，有浓郁的香味，能够增添菜肴的色泽和味道。

豆蔻：常用的香料，药用价值丰富，具有化湿行气、温中开胃的功效，对胸腹胀痛、食积不消等症有很好的辅助治疗效果。

蔬菜奶油意大利面

蔬菜奶油意大利面就是有这样的魅力，让人第一次见其面便被其征服，仿佛有一种熟悉的感觉，虽来自遥远的异乡，却令人忍不住与之亲密接触。对于蔬菜奶油意大利面的独特，越是接触越容易着迷，西蓝花的脆爽、香菇的浓郁、奶油的柔滑……它演绎出意大利面别样的美丽。

材料 Ingredient

意大利面	200 克
鲜奶油	50 克
奶油	50 克
香菇	30 克
西蓝花	30 克
洋葱	30 克
蒜	10 克
红甜椒	1/2 个
高汤	150 毫升

调料 Seasoning

白酱	80 克
盐	适量
胡椒粉	少许

做法 Recipe

❶ 沸水锅中加入少许盐，放入意大利面煮 8~10 分钟，并不停搅动，至熟捞起沥干。

❷ 香菇、红甜椒洗净切片，与洗净的西蓝花一起入沸水余烫。

❸ 洋葱洗净切丁；蒜洗净切末。

❹ 奶油加热至融化，放入洋葱丁拌炒至软，再放入香菇片翻炒，续加入高汤、白酱、鲜奶油、盐及胡椒粉煮开后转小火。

❺ 取沥干的意大利面加入酱汁锅中拌煮 1~2 分钟，加入红甜椒片和余烫过的西蓝花，拌匀装盘即可食用。

小贴士 Tips

➕ 蔬菜选择比较随意，挑选自己喜欢的食材，烹饪好的面条应趁热吃，这样味道更醇厚。

➕ 奶油可以只用一种，也可以用原味酸奶来代替。

食材特点 Characteristics

香菇：理想的天然菌类食物或多功能食物，应用范围广泛，各种营养物质含量很高，药用价值丰富。

红甜椒：辣椒的一种，可生吃或熟食，并含有丰富的维生素 C 和丰富的番茄红素，可帮助维持好身材。

美食无极限：
辣味鸡柳意大利面

辣味鸡柳意大利面可以说是一道中西结合的美味，虽然运用常见的辣味鸡柳，但配上高端大气的意大利面，你肯定没有吃过。浓浓的肉香拌上爽口的辛辣，在香浓的拌面之间还透着一些蔬菜的清甜，是不是感觉味道有点怪异，实际上味道很是爽口。层次丰富的口感配上劲道爽滑的意大利面，这样独特的异域风味定能得到你的喜欢。

材料 Ingredient

意大利面	200 克
鲜奶油	60 克
鸡胸肉	50 克
奶油	50 克
香芹	10 克
蒜	10 克
高汤	200 毫升
洋葱	1/4 个
红辣椒	适量
水淀粉	适量

调料 Seasoning

白酱	80 克
米酒	适量
香油	适量
味啉	适量
色拉油	少许
盐	少许
胡椒粉	少许

做法 Recipe

1. 鸡胸肉洗净切条，以适量米酒、香油、味啉、水淀粉、盐及胡椒粉腌渍约半个小时；洋葱洗净切丝；红辣椒洗净切斜片；香芹、蒜洗净切末备用。

2. 锅中加水煮沸，加入 1 小匙盐，放入意大利面煮 8~10 分钟，期间不断搅动至熟，捞起沥干备用。

3. 热锅，加少许色拉油，放入鸡胸肉条炒熟捞出备用。

4. 奶油加热至融化，放入蒜末及红辣椒片炒香，再加入洋葱丝炒至变软，续加入高汤、白酱、鲜奶油拌匀煮滚后，放入鸡胸肉条、盐及胡椒粉后，改小火续煮至酱汁浓稠。

5. 取意大利面加入酱汁拌煮 1~2 分钟后，再加入少许香芹末拌炒一下即可。

小贴士 Tips

+ 味啉和米酒的作用类似，若是找不到味啉可以直接用米酒来代替，用量稍微增加一些即可。

+ 高汤没有限制，可以选择自己喜欢的口味，清淡的最好，不会掩盖酱料的味道。

食材特点 Characteristics

洋葱：常见的家常菜，味道辛辣，多汁，肉质细嫩，有强烈的刺激味，能够提升美食的口感和色泽。

淀粉：具有黏性足、质地细腻、色洁白等特点，加入煮好的菜肴中做勾芡，使汤汁看起来浓稠。

不一样的面：
米兰式米粒面

第一次见到米兰式米粒面时，我感到非常惊讶，真是大千世界无奇不有啊，这明明是一道米饭啊，怎么变成面食了？原来这是我们没见过的米粒面。那一粒粒米饭闪烁着迷人的光彩，中间点缀着碎块状的培根、番茄，一朵朵西蓝花簇拥着，就摆盘而言煞是好看。或许我不应该纠结于它到底是面还是米，只要好吃就行。

材料 Ingredient

米粒面	180 克
番茄块	350 克
奶油	40 克
洋葱末	80 克
培根丝	40 克
蒜末	10 克
西蓝花	6 朵
奶酪粉	适量
水	200 毫升
罗勒叶	20 片

调料 Seasoning

番茄酱	6 大匙
橄榄油	60 毫升
盐	适量
帕玛森干酪	2 大匙

做法 Recipe

1. 把锅洗净后置于火上加热，放入橄榄油，将40克洋葱末、蒜末一起炒香，放入番茄块拌炒，再加入番茄酱和适量的水煮约1分钟，期间添加盐来调味，起锅前撒上罗勒叶和帕玛森干酪，米兰番茄酱就做好了。

2. 另起一汤锅，加入适量的水，把米粒面煮熟，捞出。

3. 再把奶油倒入锅中，以小火炒香余下的洋葱末和培根丝，然后加入煮熟的米粒面拌炒约1分钟。

4. 加入西蓝花略炒，然后加入适量米兰番茄酱炒匀，最后装盘并撒上适量奶酪粉即可。

小贴士 Tips

- 煮米粒面时不要煮过久，米粒稍软即可，太软则不便于以后的炒制。
- 如果找不到帕玛森干酪，可以替换其他自己喜欢的食材，或直接不用。

食材特点 Characteristics

帕玛森干酪：一种硬质的干酪，被很多人称为"奶酪之王"，是意大利乳酱以及青酱的主要成分之一。

培根：西式肉制品三大主要品种之一，西餐中的常用食材，有健脾、开胃、祛寒、消食的功效。

味蕾的诱惑：

牛肉丸子意大利面

　　就连意大利人自己也很难说清，意大利面究竟是面重要呢，还是汤汁重要。牛肉丸子意大利面是一款家常的意大利面，很难说清是牛肉丸子丰富了汤汁，使汤汁更加香浓，还是那汤汁使得肉丸更加软嫩多汁……总之，正是二者的完美结合，一直诱惑着人们的味蕾，使得这款牛肉丸子意大利面一直流传至今……

材料 Ingredient

A:

洋葱末	20 克
玉米粉	5 克
迷迭香	1 根
百里香	1 根
蒜	2 粒

B:

蝴蝶面	150 克
牛绞肉	80 克
红酒	100 毫升
番茄糊	2 大匙
橄榄油	适量
高汤	50 毫升

C:

香芹末	1/4 小匙

调料 Seasoning

A:

盐	1/2 小匙
糖	1/4 小匙
鸡蛋	1 个

B:

盐	1/4 小匙
胡椒	1/4 小匙

做法 Recipe

1. 迷迭香、百里香和蒜均洗净切碎末，备用。
2. 蝴蝶面放入滚水中煮熟后，捞起泡冷水至凉，再以少许橄榄油拌匀，备用。
3. 牛绞肉加入材料 A 与调料 A，拌匀后，略摔打至出筋性，再用手抓成每个直径约 2 厘米的圆球，即牛肉丸子。
4. 锅中倒入约300毫升橄榄油以小火热至180℃后，将牛绞肉球以小火炸约 2 分钟至熟捞出，再以红酒略煮约 5 分钟至入味。
5. 平底锅内放入番茄糊、调料 B、高汤及煮好的蝴蝶面以小火拌煮均匀，起锅后置盘中，再摆上牛肉丸子，最后撒上香芹末即可。

小贴士 Tips

+ 如果牛肉丸有剩余的就放在冰箱里，下次要用的时候可以直接使用，方便快捷。

食材特点 Characteristics

玉米粉：玉米磨成的粉状物，含有丰富的营养素，有预防肠癌、美容养颜、延缓衰老等多种保健功效，也是糖尿病患者的食疗佳品。

鸡蛋：日常生活中常见的食物，营养丰富且比例很适合人体生理需要，易为机体吸收，可以制作、搭配多种美食。

上班族的快手面：

咖喱乌冬面

这是一道适合上班族的面食，做法方便快捷。相比起店里卖的咖喱乌冬面，自己动手做的不仅实惠很多，而且咖喱的口感也更浓郁。一块咖喱，就能让乌冬面变得相当美味，再加上口感爽滑的五花肉、酸甜可口的番茄，即使在炎热的夏天，这也是一道开胃美食。

材料 Ingredient

乌冬面	1小包
五花肉薄片	60 克
咖喱粉	10 克
洋葱	1/2 个
番茄	1 个
罗勒叶	1 片
色拉油	少许
水淀粉	10 毫升
水	400 毫升

调料 Seasoning

A:
咖喱块	10 克
柴鱼酱油	50 毫升

B:
牛奶	100 毫升

做法 Recipe

① 将乌冬面汆烫熟捞起、沥干；五花肉薄片适当切条、洗净；洋葱洗净切丝；番茄去蒂、洗净，切粗丁状备用。

② 锅中放入适量色拉油烧热，放入洋葱丝炒软后，再放入五花肉薄片一起拌炒至变色，续加入番茄丁拌炒至匀。

③ 放入咖喱粉炒匀，加入水及柴鱼酱油煮至开后，放入咖喱块及调匀好的牛奶和水淀粉勾薄芡，即为咖喱汤汁。

④ 取一碗，放入煮好的乌冬面条，再淋入咖喱汤汁，放上罗勒叶即可。

小贴士 Tips

⊕ 炒咖喱粉时要用小火，这样会更有味道，不易炒焦，不会影响口味。

食材特点 Characteristics

五花肉：位于猪的腹部，因肥瘦间隔，故称"五花肉"。应用广泛，是家常的肉类之一，肉质细嫩，易熟，口感油而不腻，非常美味。

咖喱：由多种香料调配而成的酱料。味浓香、辛辣，常见于印度菜、泰国菜和日本菜中，一般伴随肉类和饭一起吃。

异乡凉面：
西班牙冷汤面

持续的高温天气，让人实在不想起油锅煎炸爆炒，甚至都有些不想进厨房动火了。想起曾在某次美食节目上，看到过一位来自西班牙的大厨做过一道传统的西班牙冷汤面，应该很适合这个炎热夏季。这道略带辛辣味的夏日提神冷汤面，是一道无须大动热火烹煮的清润冷汤面，吃上一口，冰爽的口感，让夏日的暑气瞬间消逝。

材料 Ingredient

圆直面（熟）	200 克
洋葱	50 克
西芹	20 克
胡萝卜	20 克
番茄	1 个
小黄瓜	1/2 根
红甜椒	1/2 个
鸡高汤	500 毫升
橄榄油	少许
香芹叶	少许

调料 Seasoning

番茄酱	2 大匙
盐	1/2 小匙

做法 Recipe

1. 将所有的食材洗净、切丁，备用。
2. 锅中加入适量橄榄油烧热，放入除小黄瓜外的所有食材丁炒约 3 分钟。
3. 将鸡高汤倒入锅中，小火煮约 20 分钟，再加入所有调料烧沸，即可熄火。
4. 待材料冷却，与小黄瓜丁一起装盘，放置冰箱内冰凉，即为西班牙冷汤汁。
5. 将熟的圆直面放入碗内，倒入冷凉的西班牙冷汤汁，放上香芹叶装饰即可。

小贴士 Tips

- 洋葱可以选择白洋葱，味道更好，不会过于辛辣。
- 番茄最好选用红润肉厚汁多的优质成熟番茄。

食材特点 Characteristics

橄榄油：由新鲜的油橄榄果实直接冷榨而成的，是迄今所发现的油脂中最适合人体营养的油脂，具有极佳的天然保健功效。

鸡高汤：一种汤料，口味鲜美，营养丰富。常用老母鸡、洋葱、姜和米酒等熬制而成，一般烹饪汤面、汤锅时常用到。

美味调剂品：

海鲜炒乌冬面

在日本海鲜食材运用广泛，很多美食里都有海鲜的参与，海鲜口味清新爽利，和其他食材相互融汇丰富了美食的口味层次感。海鲜炒乌冬面是起源于日本的美食，里面海鲜食材众多，经过简单的爆炒后，海鲜香味浓郁，配上口感偏软的乌冬面，点缀些红辣椒和青葱，色泽清雅，看着就让人很有胃口。

材料 Ingredient

乌冬面	200 克
墨鱼	60 克
牡蛎	50 克
虾仁	50 克
鱿鱼	50 克
蒜末	5 克
青葱	1 棵
鱼板	2 片
红辣椒片	少许
色拉油	2 大匙
高汤	100 毫升

调料 Seasoning

盐	少许
鲜鱼露	1 大匙
蚝油	1 小匙
鸡精	1/2 小匙
米酒	1 小匙
胡椒粉	少许

做法 Recipe

1. 青葱洗净、切段，将葱白、葱绿区分；牡蛎洗净；虾仁洗净、去虾线；墨鱼洗净后背部切花再切小片；鱿鱼洗净后于背部切花再切小片；鱼板切小片备用。

2. 锅中放入色拉油烧热，放入蒜末和葱白部分爆香后，加入所有海鲜材料快炒至 8 分熟。

3. 放入高汤、所有调料一起煮沸，再加入乌冬面、红辣椒片和葱绿部分拌炒入味即可。

小贴士 Tips

- 把葱白和葱绿分开，主要是为了能够更好地发挥食材的作用。当然你也可以不做得这么细致。

- 若是在做这道面食时找不到鱼板，可以用其他食材来代替，或直接不用。

食材特点 Characteristics

牡蛎：又叫生蚝，是所有食物中含锌最丰富的，还含有丰富的牛磺酸、微量元素和糖原等，有镇静安神、潜阳补阴、收敛固涩等作用。一般在烹饪海鲜时使用。

鱼露：又称鱼酱油，是一种广东、福建等地常见的调味品，口味包括鲜味和咸味，味道极为鲜美，具有提鲜、调味的作用。

韩式经典：
韩式辣拌面

辣拌面有很多种风格，这道韩式辣拌面因多了韩式美食中独有的泡菜而变得酸辣可口，很是美味。在烹饪时调料的制作最为关键，其中就要用到韩式辣椒酱，加入香甜的米酒、白醋、香油等调料后的酱料口感丰富，味道极佳。制作好的韩式辣拌面表面点缀着白芝麻粒、泡菜、黄瓜片和香味浓郁的肉片，极具视觉冲击力，可谓是色香味俱全。

材料 Ingredient

银丝细面	100 克
火锅肉片	120 克
小黄瓜	30 克
熟白芝麻	适量
韩式泡菜	适量
食用油	适量

调料 Seasoning

韩式辣椒酱	20 克
白糖	5 克
盐	3 克
米酒	10 毫升
香油	5 毫升
白醋	5 毫升
酱油	5 毫升

做法 Recipe

❶ 热锅倒入食用油，放入火锅肉片与酱油、米酒、白糖拌匀炒熟备用。

❷ 小黄瓜洗净切薄片，加盐拌匀至软后，以冷水洗净，加入香油拌匀。

❸ 银丝细面放入沸水中煮软，捞出用冷开水洗去黏液，加入韩式辣椒酱、白糖、香油、白醋拌匀。

❹ 再加上熟白芝麻、韩式泡菜、小黄瓜片、炒好的火锅肉片即可。

小贴士 Tips

➕ 如果没有银丝细面，用一般的荞麦面或细面来代替即可。

➕ 辣拌面搭配泡菜口味非常不错，若是再搭配一些米酒口感会更好，在拌面时还可以倒点泡菜汁。

➕ 不喜欢太辣的可以放少一点辣椒酱，没有韩式的用我们普通的也可以。

食材特点 Characteristics

韩式泡菜：一种以蔬菜为主要原料，加入各种水果、海鲜及肉料为配料的发酵食品。泡菜五味俱全，易消化，爽胃口，营养丰富。

酱油：日常生活中最常用的调料之一，色泽红褐色，有独特酱香，滋味鲜美，有助于促进食欲。

美味泡菜炒面：

韩式泡菜炒面

　　韩国料理具有独特的风味，尤其是泡菜，历史悠久，是韩国家庭必备品。这道韩式泡菜炒面就是以泡菜为主要原料而炒制的，炒出来的面劲道十足，且略微有些辣，这种辣入口醇香，后劲很足，与四川透着鲜美的麻辣有所不同。若是在夏天来一碗韩式泡菜炒面，定会让你胃口大开，有种酣畅淋漓的感觉。

材料 Ingredient

宽拉面	150 克
牛肉片	100 克
韩式泡菜	100 克
蒜苗	1 棵
蒜末	20 克
高汤	150 毫升
食用油	适量

调料 Seasoning

辣椒酱	1 大匙
盐	1/4 小匙
鸡精	1/3 小匙
白糖	1 小匙
白醋	1 大匙

做法 Recipe

❶ 将宽拉面煮熟，过冷水至凉再沥干；韩式泡菜切小块；蒜苗洗净以斜刀切丝备用。

❷ 热油锅略炒蒜末、辣椒酱，放入高汤、盐、鸡精、白糖、白醋煮沸，放入牛肉片略烫至 8 分熟时捞起，锅中汤汁仍保留。

❸ 放入泡菜块煮沸，放入宽拉面，以中火拌炒至汤汁收干并入味时即起锅装盘。

❹ 将 8 分熟的牛肉与炒好的泡菜拉面拌炒均匀，再摆上蒜苗丝即可。

小贴士 Tips

➕ 韩式泡菜因为酸味较大，在使用前最好先用净水浸泡几分钟，然后再取出沥干切块。

➕ 若是 8 分熟的牛肉吃不惯，可以根据自己的口味喜好调整熟度。

食材特点 Characteristics

白醋：一种家常必备的调料，口味酸，无色透亮，可应用于烹炒、腌制等日常制作。

蒜：一种常用的调味料，味道辛辣，有强烈的蒜辣气，不仅能食用，还可作为药材使用，具有理气养胃的功效。

家的温暖：
亲子煮乌冬面

乌冬面是日本独具特色的美食，是日本料理店中不可或缺的主角。亲子煮乌冬面是家庭为了增加与孩子互动而创制的，与孩子一起烹饪，温馨而又快乐。糯糯软软的乌冬面搭配上沙拉笋、海苔丝和油豆腐，在色泽美观的金黄色面汤的映衬下，散发出一股诱人的味道。

材料 Ingredient

鸡腿肉	100 克
乌冬面	1 小包
油豆腐	1 片
沙拉笋	30 克
青葱丝	适量
海苔丝	适量
鸡蛋	2 个
水	100 毫升

调料 Seasoning

A:

酱油	30 毫升
味酥	25 毫升
米酒	15 毫升

B:

柴鱼素	1/3 小匙

做法 Recipe

1. 烧一锅热水，放入乌冬面氽烫开，煮熟后捞起、沥干盛碗备用。
2. 将鸡腿肉洗净切成小块；沙拉笋切丝条；鸡蛋在碗中打散备用。
3. 将调料 A 和水混合倒入汤锅中煮开，然后放入调料 B 煮开即可熄火，备用。
4. 取一浅盘汤锅，放入乌冬面、鸡腿、沙拉笋及做法 3 中的材料以及油豆腐煮开约 2 分钟，再放入青葱丝，轻轻倒入蛋液煮至呈半熟状即可。
5. 最后在做好的乌冬面上撒些海苔丝即可。

小贴士 Tips

+ 柴鱼素和鸡精类似，可以相互替换。柴鱼素一次不宜多吃，否则可能出现口舌干燥、头痛等症。

食材特点 Characteristics

沙拉笋：实际上也是一道美食，是用新鲜的笋和上好的沙拉酱制作而成的食品。含有丰富的纤维素，能够增强食欲。

油豆腐：又称豆腐泡，富含优质蛋白、多种氨基酸、不饱和脂肪酸及磷脂等，铁、钙的含量也很高。不过不易消化，肠胃消化不好的人少用，慎用。

人间美味：
东南亚风味面

东南亚的美透着一股云淡风轻，澄静的海水、碧蓝的天空，还有阳光折射下刺眼的沙滩，当然还有美食。这里的美食种类多且各具特色，东南亚风味面便是一种，具有蔬菜香的菠菜面、脆爽的芦笋、爽口的圣女果……共同缔造了东南亚风味面的美。

材料 Ingredient

菠菜面	100 克
海鲜	80 克
芦笋段	30 克
圣女果片	5 克
红辣椒片	1 小匙
橄榄油	适量
红辣椒末	1/2 小匙
香菜末	1/4 小匙
蒜末	5 克

调料 Seasoning

泰式鱼露	3 大匙
椰糖	1 大匙
盐	适量
柠檬汁	2 大匙
泰式辣油	1 小匙

做法 Recipe

① 将盐除外的所有调料和蒜末、红辣椒末、香菜末混合拌匀，即成泰式酸辣酱。

② 烧一锅水煮滚，加少许盐，放入菠菜面煮约 8 分钟至熟，然后捞起沥干。

③ 将煮好的面条摊开在大盘上，加点橄榄油拌匀放凉；海鲜入沸水氽熟后捞起。

④ 将菠菜面加入泰式酸辣酱拌匀，摆上海鲜、氽烫后的芦笋段、圣女果片和红辣椒片拌匀即可。

小贴士 Tips

➕ 这道美食中异域风味的调料比较多，估计有些难找，可以尽量用一些口味相似的其他常见调料来代替。

➕ 菠菜面虽然不常见，但是可以在超市买得到。色泽清雅，味道很好。

食材特点 Characteristics

椰糖：一种天然的食材，口味香甜，有着浓郁的椰香，为深棕色，营养丰富，风味独特。

圣女果：被称为小番茄，口味香甜鲜美，风味独特，维生素含量非常高，其他的营养物质也非常丰富。

正宗的才地道：
东南亚酸汤牛肉面

有段时间，我非常喜欢东南亚美食，色香味俱全，酸辣劲爽的味道，很容易让人着迷。有次到东南亚旅游，品尝了很多正宗地道的美食，其中就包括东南亚酸汤牛肉面。回来之后，我还专门从市场买来材料自己制作，虽与正宗的东南亚酸汤牛肉面略有差别，却也同样美味。

材料 Ingredient

牛肋条	300 克
宽面	200 克
姜	20 克
香茅	2 根
红辣椒末	少许
柠檬叶	3 片
高汤	800 毫升
酸辣汤酱	1 大匙
香菜	适量
罗勒叶	适量

调料 Seasoning

盐	1 茶匙
白糖	1 茶匙
米酒	1 茶匙

做法 Recipe

1. 将牛肋条放入滚水中余烫去血水，再捞起沥干切小块；罗勒叶洗净沥干备用。

2. 取一汤锅，加入牛肋条块、高汤、调料、香茅、柠檬叶、姜和酸辣汤酱，炖煮约 1 个小时即可熄火。

3. 将宽面放入滚水中煮熟，期间以筷子略为搅动数下，捞起沥干、放入碗内。

4. 将做法 2 中的材料淋入面碗内，摆上香菜、罗勒叶、红辣椒末即可。

小贴士 Tips

+ 现在的汤料非常丰富，有很多是固体的料包，携带方便，只要拆开下锅煮一下就可以了。

+ 像添加柠檬叶等这些含有香味的树叶，量要少一点。

食材特点 Characteristics

香茅：为常见的香草之一，有柠檬的香气，一般可用作菜肴面食中的香料，对治疗风湿效果颇佳。

柠檬叶：新鲜柠檬的叶子，伴有淡淡的苦涩和清香味道，是美食中的一种点缀，常用于西式菜肴中，有化痰止咳、理气、开胃等功效。

韩式鱿鱼羹面

韩式鱿鱼羹面因其美味、制作简单可以说是韩国人非常喜爱的家常面之一。把时令的蔬菜和鱿鱼放在滚水中一起熬煮，在一阵"嗞嗞"声中，美味与营养相互融汇，成为一份香味扑鼻的美食，在寒冷的冬夜来上一大碗既暖身又暖胃。除了一些必备的食材，还可以添加一些爱吃的调料、食材等，使之更加符合自己的口味。

材料 Ingredient

油面	150 克
胡萝卜丝	50 克
金针菇	30 克
油蒜酥	10 克
干黄花菜	10 克
柴鱼片	8 克
泡发鱿鱼	1 条
香菇	3 朵
高汤	2000 毫升
香菜	少许
水淀粉	50 毫升

调料 Seasoning

盐	适量
白糖	1 小匙
鸡精	1/2 小匙
辣油	少许

做法 Recipe

1. 泡发鱿鱼洗净，头部切成小段，身体部分先以刀斜45 度对角方向切出花纹，再切成小片状备用。加入适量的盐稍作搅拌后，放着腌渍约 1 个小时。

2. 香菇洗净泡软后，切丝；金针菇去蒂后洗净；干黄花菜泡软洗净后去蒂；将上述材料和胡萝卜丝一起放入滚水中略余烫至熟，捞起放入盛有高汤的锅中以中大火煮至沸，再加入盐、白糖、鸡精、柴鱼片、油蒜酥及鱿鱼片续以中大火煮至沸。

3. 将水淀粉缓缓淋入做法 2 中，并一边搅拌至完全淋入，待再次滚沸后，淋上辣油即为韩国鱿鱼羹。

4. 将油面放入沸水中余烫，立即捞起沥干水分，盛入碗中，淋上韩国鱿鱼羹，点缀香菜即可。

小贴士 Tips

- 把鱿鱼切成对角花纹不仅更美观，而且腌制时能够更好地入味。

食材特点 Characteristics

黄花菜：一种食用蔬菜，性味甘凉，有止血、消炎、清热、利湿等功效，营养丰富，可作为病后或产后的调补品。

香菇：一种常用的食材，味道鲜美，营养丰富。在烹饪制作上一般作为辅料来用，不仅增添菜肴的香味，还可以丰富菜肴的色彩，达到色香味俱全的效果。

香煎猪排宽面

家里的孩子最爱吃煎猪排，每次要是表现好我就会做上一份奖励他，一般都是配上拌炒宽面一起吃。腌制后的猪里脊肉经过油煎变得香喷喷的，闻着就食欲大开；然后将一些家常蔬菜拌入奶油翻炒入味；最后将焦香的猪里脊肉与清香的奶油蔬菜相交融，更添香煎猪排宽面浓郁的香味，真是色香味俱全。

材料 Ingredient

宽扁面（熟）	180 克
猪里脊肉	6 片
橄榄油	1 大匙
奶油	40 克
洋葱丝	40 克
黄甜椒丝	10 克
金针菇	10 克
莳萝叶	适量

调料 Seasoning

莳萝酱	6 大匙
酱油	适量
盐	适量
白糖	适量
白酒	适量
奶酪粉	适量

做法 Recipe

1. 将猪里脊肉片用酱油、盐、白糖、白酒腌渍约 10 分钟，并在油锅煎熟备用。
2. 热锅后小火融化奶油，加入洋葱丝炒香。
3. 放入熟宽扁面、黄甜椒丝、金针菇，拌炒 1 分钟。
4. 再放入猪里脊肉片略为拌炒，最后加入莳萝酱拌炒均匀，即可装盘。
5. 撒上适量奶酪粉，放上莳萝叶装饰即可。

小贴士 Tips

+ 猪里脊肉是做猪排最好的肉质，绵软易熟，非常适合时间较短且温度高的烹饪方法。
+ 做猪排时要是无法确定肉是否熟透，可以用筷子或是竹签戳一下，柔软的表示已经熟了；或者看看颜色是否变为较深的色泽。

食材特点 Characteristics

莳萝叶：莳萝的叶子，味道强烈，清香持久，可做调料，多用作食物调味，有促进消化之功效。

猪里脊肉：目前餐桌上重要的肉类食品之一，含有丰富的蛋白质、脂肪和维生素等营养元素，而且肉质细嫩、易消化。

日式美食：
味噌泡菜乌冬面

　　各种各样的面对我来说都是诱人的，无论是清汤小面，还是各式干面，因为喜欢吃面，故而自己也经常在家做面，味噌泡菜乌冬面便是其中之一。最开始是从日剧里面学的，后来经过略微改变，变成了我的拿手料理，泡菜、香菇、豆腐等食材的味道完全渗透进入汤和面中，浓郁而鲜美，一上餐桌就会引起一片赞美之声。

材料 Ingredient

乌冬面	1 小包
泡菜	100 克
五花薄肉片	50 克
胡萝卜	50 克
牛蒡丝	20 克
香菇	1 朵
豆腐	1/4 块
香油	1 大匙
水	250 毫升
葱丝	少许

调料 Seasoning

味噌	20 克
酱油	1 小匙
米酒	1 大匙

做法 Recipe

① 将所有调料混合；乌冬面余烫开捞起、沥干；五花薄肉片切段；胡萝卜切花形备用。

② 锅中加入适量香油烧热，放入五花薄肉片以中火炒至变色，再放入牛蒡丝、泡菜拌炒后，加入水煮沸，再放入香菇、豆腐、乌冬面。

③ 加入混合的调料续煮。

④ 撒上少许葱丝即可。

小贴士 Tips

➕ 五花肉切成薄片是为了快炒，以中火最好，既快又不易炒焦，还要注意炒制时间。

食材特点 Characteristics

牛蒡：一种食用的蔬菜，可以炒食、煮食、生食或加工成饮料，有疏散风热、宣肺透疹、散结解毒的功效。

味噌：日本最受欢迎的调料之一，用黄豆加工制成，口感丰富，运用广泛，多用于做成汤羹、与肉类烹煮成菜以及做火锅汤底等。

吃货的福利：

和风鸡肉炒乌冬面

和风是日式风格的意思，这道和风鸡肉炒乌冬面就是正宗的日系美食。制作好的面带有明显的海鲜味道，主要在于这道面的制作过程中较多地采用味啉、鲣鱼酱油等海鲜调味料。一份制作精美的和风鸡肉炒乌冬面中鲜甜的酱汁、嫩滑的鸡肉、脆脆的胡萝卜丝与乌冬面完美融合，口感很是不错。

材料 Ingredient

乌冬面	200 克
香菇丝	20 克
胡萝卜丝	20 克
香柚叶	10 克
姜丝	5 克
高汤	500 毫升
鸡腿	1 只
洋葱	1/2 个
七味粉	适量
食用油	适量

调料 Seasoning

鲣鱼酱油	2 大匙
味啉	2 小匙
鸡精	1 小匙
盐	1/3 小匙

做法 Recipe

① 将鸡腿去骨洗净，切成条状；洋葱剥开，洗净切丝备用。

② 取一汤锅置火上，放入高汤烧煮至沸，加入香柚叶用小火煮至高汤仅剩一碗的量，起锅滤掉香柚叶，取其汤汁备用。

③ 另热锅，倒入适量食用油，用小火爆香洋葱、姜丝，放入鸡肉条略炒过，然后加入调料及做法 2 中的汤汁一起煮至滚沸。

④ 在沸水中放入乌冬面、香菇丝、胡萝卜丝，用中火炒至汤汁稍干后，即起锅盛盘，食用前撒上七味粉即可。

小贴士 Tips

⊕ 添加香柚叶熬汁能够增添汤汁的清香味，使汁更加美味。香柚叶和柠檬叶都可以，选择容易找的。

⊕ 这道美食保持正宗口味的关键就是味啉、鲣鱼酱油和香柚叶等几种调料，若是追求原汁原味应尽量保证调料的原味性。

食材特点 Characteristics

香柚叶：香柚的叶子，不常用，但口味清香，对治头风痛、寒湿痹痛、食滞腹痛等有一定的功效。

鲣鱼酱油：日本特色调料，在其他的菜系中很少用得到，味道鲜美，营养丰富。一般用在日本料理中。

图书在版编目（CIP）数据

饿了么？来碗面给你吃 / 杨桃美食编辑部主编 . --
南京 : 江苏凤凰科学技术出版社 , 2016.6
（含章·I厨房系列）
ISBN 978-7-5537-5841-1

Ⅰ . ①饿… Ⅱ . ①杨… Ⅲ . ①面条 - 食谱 Ⅳ .
① TS972.132

中国版本图书馆 CIP 数据核字 (2016) 第 000183 号

饿了么？来碗面给你吃

主　　　编	杨桃美食编辑部	
责 任 编 辑	张远文　　葛　昀	
责 任 监 制	曹叶平　　方　晨	
出 版 发 行	凤凰出版传媒股份有限公司 江苏凤凰科学技术出版社	
出版社地址	南京市湖南路 1 号 A 楼，邮编：210009	
出版社网址	http://www.pspress.cn	
经　　　销	凤凰出版传媒股份有限公司	
印　　　刷	北京旭丰源印刷技术有限公司	
开　　　本	718mm×1000mm　　1/16	
印　　　张	13.5	
字　　　数	200 000	
版　　　次	2016年6月第1版	
印　　　次	2016年6月第1次印刷	
标 准 书 号	ISBN 978-7-5537-5841-1	
定　　　价	39.80元	

图书如有印装质量问题，可随时向我社出版科调换。